大渡河河口再自然化生态修复技术研究与实践

黄道明　王文君　方艳红　陈　锋　著

科学出版社

北　京

内 容 简 介

本书通过调查大渡河河口水生生物、河流生境，构建河流流场模型，在系列水文资料的基础上，分析水生生物在不同微生境中的分布规律，以及水生生物与微生境的耦合关系，提出河流微生境重建的理论和方法；根据工程布置与河网受损情况，开展主要过鱼对象的游泳能力试验，提出尽量保持原有河网结构的修复思路，同时选择有效的、适宜的过鱼措施类型，对工程建设后的河流连通性进行恢复；探讨大渡河河口段生境、流场分布特点及工程前后的变化，以此提出鱼类重要栖息地的修复技术；分析河段水文情势特点，结合鱼类繁殖期对生态水文指标的响应，进行仿自然水文过程的模拟，即对水电站的运行调度提出生态流量、水文节律、洪水脉冲等约束条件，指导水电站的生态调度措施；在以上修护措施设计的基础上，结合大渡河河口段的景观生态特点，对安谷水电站工程建设、水库淹没、弃渣堆放、移民造地、移民迁建等，提出河口河段的景观设计和整体生态规划。

本书可供水利水电工程技术人员、生态保护技术人员参考。

图书在版编目（CIP）数据

大渡河河口再自然化生态修复技术研究与实践/黄道明等著. —北京：科学出版社，2023.2

ISBN 978-7-03-072602-5

Ⅰ.①大… Ⅱ.①黄… Ⅲ.①大渡河-河口生态学-生态恢复-研究 Ⅳ.①X522.06

中国版本图书馆 CIP 数据核字（2022）第 107064 号

责任编辑：闫 陶/责任校对：邹慧卿
责任印制：彭 超/封面设计：苏 波

科学出版社 出版
北京东黄城根北街 16 号
邮政编码：100717
http://www.sciencep.com

武汉精一佳印刷有限公司印刷
科学出版社发行 各地新华书店经销

*

开本：787×1092 1/16
2023 年 2 月第 一 版 印张：13
2023 年 2 月第一次印刷 字数：308 000

定价：139.00 元

（如有印装质量问题，我社负责调换）

前言

河流系统包括河流干支流、河漫滩、有水力联系的湖泊及河岸带微生境等，具有洪水调控、污染净化、气候调节、环境美化等多种功能，同时也是一个水生植物、鸟类、鱼类等物种丰富、生产力较高的系统。多年来，人类活动如拦河筑坝、河道裁弯取直、河滩开发、围湖造田、防洪建堤等，破坏了河流系统的自然形态和微生境的复杂度，使得生态水文过程的可持续性遭到破坏，造成河道淤积、自净能力下降、水质污染加剧、生物多样性下降、土地贫瘠化和河流生态系统服务功能下降等诸多问题。开展河流生态修复，恢复受损河流生态系统结构、功能和生态过程的可持续性，是我国生态环境保护中极其紧迫的任务。

人工干扰河流的再自然化代表了河流生态修复的发展方向，是发达国家目前重点研究和应用的技术措施。它主要是针对人工干扰强度较大的河流，采用工程和生物修复措施恢复河流的自然属性和生态水文过程，重建可持续的河流生态系统。如丹麦的斯凯恩河流域自 20 世纪 60 年代开始进行大规模的河流改造，将湿地和草地开发成农业用地，多年的集约化农业生产给生态环境带来了巨大的负面影响，因此，从 1983 年开始，相关机构又花了 15 年时间通过拆除河堤，将农业用地恢复成湖泊、湿地、草地、林地和蜿蜒的河道，形成了人水和谐的生态系统。很多国家都在对破坏河流自然环境的做法进行反思，开始对遭受破坏的河流自然环境重新进行修复，逐渐将河流进行回归自然的改造。20 世纪 90 年代以来，德国、美国、日本、法国、瑞士、英国、丹麦、奥地利、荷兰等国纷纷大规模拆除以前人工在河床上铺设的硬质材料，积极地改造水泥河堤，修建生态河堤，复原河道形态，恢复河岸水边植物群落与河畔林，对河流进行回归自然的改造和建设，即河流的近自然治理。

我国自 20 世纪 60 年代以来，也应用了一些单项生态修复措施。例如：为降低闸坝阻隔影响而修建鱼道；为降低水库建设运行后对鱼类繁殖的影响，建设人工模拟产卵场；在防洪建设和河流整治工程中使用一些新技术和新材料，尝试进行河流的生态修复，如采用生态型护坡技术、堤防绿化措施等。特别是近年来，河流生态修复逐渐受到社会各界的重视，董哲仁等学者对河流生态修复的目标、任务、原则、方法等进行思考，提出了“生态水工学”的理论和方法。塔里木河、黑河等河流为修复退化的河流生态环境实施了全流域调水。一些大中城市如成都、武汉、苏州等把河流整治与城市景观建设相结合，水利工程又被赋予了休闲、旅游等新的功能。但是真正意义上的河流再自然化修复工程才刚刚起步，现阶段河流生态修复目标往往带有很强的功利性，对河流生态修复的认识比较片面，没有从河流的自然生态属性出发，综合考量环境、生态、文化、景观等多方面的需求，通过系统规划进行河流再自然化修复。因此，现阶段迫切需要进行河流再自然化的系统理论和应用技术研究与实践，制定相应的设计和施工标准，使河流再自然化具有科学性和逐步规范化。

《国家中长期科学和技术发展规划纲要（2006—2020年）》环境重点领域优先发展主题（14）“生态脆弱区域生态系统功能的恢复重建”中明确提出“退化生态系统恢复与重建技术，三峡工程、青藏铁路等重大工程沿线和复杂矿区生态保护及恢复技术，建立不同类型生态系统功能恢复和持续改善的技术支持模式”。本书内容针对我国河流生态系统退化现状，开展河流再自然化技术研究和工程示范，是《国家中长期科学和技术发展规划纲要（2006—2020年）》优先发展主题。

选择人工干扰强度大、环境问题突出的河流系统开展自然化恢复工程建设，是可持续发展的要求。通过对河流再自然化技术的研究和实践，既可以积累经验、掌握技术，同时可以提高人们的认识，带动和促进河流生态恢复工作的全面开展。河流再自然化本身不仅可以改善区域生态环境，为野生生物提供栖息地、提高生物多样性；良好的自然景观也是重要的旅游资源，再造的自然河流景观将推动旅游业的发展；还可以促进公众转变观念、提高环保意识，获得较好的社会效益。

作　者

2021年10月

目录

▶▶▶ 第 1 章

河流再自然化修复理论与研究进展

1.1 河流再自然化修复概念

河流再自然化的思想源于欧洲阿尔卑斯山区国家的河流及山地整治，后为河流治理部门所应用，其发展伴随着河流治理技术的不断进步。1938 年，德国 Seifert[1]首先提出河流近自然治理的概念，即指在完成传统河流治理任务的基础上，达到更接近自然、成本低廉并保持景观自然特征的一种河流治理方法。

随后，河流再自然化的概念、内容和方法便被广泛探讨。Weinmeister[2]认为，近自然治理是在满足人类对河流利用的同时，又要维护或创造河流的生态多样性的河流治理方法。Binder 等[3]指出如果从河流系统生存的动植物及其栖息环境的观点出发，近自然治理的实质是人为活动对自然景观的干预。河流的自然状况或原始状态应该作为衡量河流整治与人为活动干预程度的标准。这一概念指出了近自然治理和工程治理出发点的差异及其衡量近自然治理的客观标准。Hohmann 和 Konold[4]提出了生境多样性在近自然治理中的重要性，即通过生态治理创造出一个具有各种水流断面、不同水深及不同流速的河流，河岸植被应该是具有多种小生境的多级结构，注重工程治理与自然景观的和谐性。Pabst[5]把近自然治理看作一种工程治理方式，施工地仅仅用带石块的原状土或用纯石块覆盖，不再进行腐殖质化或剖面化处理，强调依靠自然力恢复河流的自然特点。Reynolds[6]指出近自然治理的思想应该以维护河流中尽可能高的生物生产力为基础。

概括而言，河流再自然化理论是以认同水资源利用的必要性为基础，强调保护自然环境的重要性，通过河流地貌的恢复及河流生态系统多样性的恢复，从而满足河流的部分或全部功能，使河流能够继续保持原有自然景观特征的一种河流综合治理方法，达到建设具有多样的河流生物群落结构和河流地貌特征，且稳定的、动态的、能够自我调节的河流系统的目的。

1.2 国内外河流再自然化修复理论研究进展与实践

从 20 世纪中期开始，河流再自然化在德国被称为“近自然河道治理工程”，在美国被称为“自然河道设计技术”，在日本被称为“近自然工法”或“多自然型建设工法”；英国设立了河道修复中心，河流再自然化理论和方法在实践中逐渐丰富和完善起来[7]。

20 世纪 50 年代，德国正式创立了“近自然河道治理工程学”，提出河流整治要符合植物化和生命化的原理，从而使植物首次作为一种工程材料被应用到工程改造当中[8]。20 世纪 70 年代中期，德国进行了“重新自然化”的尝试，开始在全国范围内拆除被渠化的河道，将其恢复到近自然的状态。不久，这一做法便传到了周边国家。20 世纪 80 年代，德国对本国境内莱茵河开始进行治理，到 21 世纪初，德国境内的莱茵河已完全实现预定的目标，沿河的森林极为茂密，湿地生态恢复，鱼类及鸟类和两栖动物也重新回到了莱茵河。这为世界河流景观再自然化设计提供了经验[7]。

美国从20世纪中期开始在滨水区的开发中注重遵从近自然化的设计，于20世纪60年代提出了“设计遵从自然”的理论，并于20世纪70年代以后在河流水资源管理模式方面确立了与自然相协调的可持续流域管理理念。之后，Rosgen[9]提出了“自然河道设计”的相关方法。21世纪初，Rosgen[10]又提出基于地貌构造恢复的自然河道设计，结合近自然河道的模拟、经验和分析方法开展评估和设计。美国的南佛罗里达州在20世纪70年代修建了很多人工河道，导致河道周围湿地萎缩，生物多样性也急剧降低，政府于20世纪90年代开始再自然化的改造，目前大部分河道已恢复自然的形态。

20世纪70年代，瑞士将德国的“近自然河道治理工程”丰富发展为“多自然型河道生态修复技术”，即拆除已建的混凝土护岸，改建成柳树和自然石护岸，以便给鱼类等提供更多的生存空间，把直线形河道改为具有深潭和浅滩的蛇形弯曲的自然河道，让河流恢复到自然状态[11]。

20世纪80年代，日本开始学习欧美的河流近自然治理经验，在河流整治上引进了新的理念，即考虑在维持河流固有的适宜生物繁衍的良好环境的同时，要保护优美的自然景观[7]。自20世纪90年代开始，日本根据其自身的气候、河流特点，改变传统的治河工程理念，推出“创造多自然型河川计划”，目标由单一的河流整治向不断恢复自然的水岸环境的方向发展。仅在1991年，全国就有600多处试验工程[12]。日本政府推进的第九次治水五年计划中，对5 700 km河流采用多自然型河流治理法，其中2 300 km为植物堤岸，1 400 km为用石头及木材护底的自然河堤，2 000 km仍使用的混凝土，但均按“多自然型护堤法”进行改造，覆盖土壤，并种植植被。实践表明，该技术有效地促进了地下水的渗透，保证水的良性循环，提高了水岸环境的自然净化功能，恢复了河流生物多样性[13]。

综上所述，很多国家都在对破坏河流自然环境的做法进行反思，并逐渐将河流进行回归自然的改造。20世纪90年代以来，德国、美国、日本、法国、芬兰、奥地利等国纷纷大规模拆除了人工修建的硬质衬砌，对河流进行回归自然的改造和建设，即河流的近自然治理。

在我国，随着生态学与工程设计的结合，人与自然和谐的理念逐渐被国内学者重视，河流再自然化的理念随之兴起，并开始运用于我国一些河流的治理中[14]。

杨芸[15]通过简述国外多自然型河流治理常用方法，论述了其对河流生态环境的改善作用，最后在对府河多自然型护岸设计介绍的基础上提出了试验工程的深远意义及其对今后工作的启迪。高甲荣等[16-19]介绍了中欧荒溪近自然治理的进展，阐述了河流近自然治理的概念、发展和特征，提出了河溪近自然治理的原则。董哲仁[20]提出“生态水工学”，其基本思想实际上与河流近自然治理的思想是一致的。朱国平等[21]通过借鉴国外河道近自然治理的思想，针对城东河河道存在的问题，提出了河流近自然治理的原则，并从河流平面形态、河流垂直断面和护岸三个方面进行城市河流近自然治理的设计。达良俊和颜京松[22]提出“近自然型”城市河流水系恢复的理念与模式。金元欢等[23]提出的自然水景系统是综合了各种方法的一种低成本治理技术，并结合杭州项目构建城镇自然河道。王秀英等[24]根据我国城市河流治理中河道形态设计存在的问题，从河床形态多样化角度出发，归纳了河流近自然治理河道形态设计基本原则。高阳等[25]对河道近自然恢复的内涵进行了概括，提出了河道近自然恢复的原则，并介绍了多种河流近自然恢复措施及其生态作用。除此之外，还以北京怀柔区怀九河河道的综合整治为例，详细说明了适用于此河流地段的各种恢复措施的具体操作，为我国其他河流的近自然恢复提供了参考。

1.2.1 国外河流再自然化修复理论研究进展与实践

自然的河流，其水质应该是清洁的，流势应该是自然、婉转的，有浅滩也有深潭，河底应该有供植物扎根的土壤，两岸应该有优美的景观，但在以往的河流整治中，人们过于强调防洪、排水等功能，忽略了河流的生态功能，无视河流本身所具有的自然特性，这将导致诸如河流水质严重污染等意想不到的灾害。河流生态系统受损的根本原因在于传统水利工程设计的核心是工程结构的安全性及耐久性，所用材料主要是施工性好、耐久性好的混凝土或钢筋混凝土，其缺点在于没有考虑人工构造物对生物及其生态环境的影响，由此产生的结果是自然河流形态的直线或渠化和河岸的混凝土化，这将导致河流的生态作用越来越小、水质恶化、生境丧失或被阻断、物种减少等河流生态系统问题。这种传统的河道治理方法安全但“僵硬”，快速但违反生态原则，于是人们就开始思考利用近自然的河流生态治理措施来弥补传统措施对河流生态系统所造成的损害。

目前，世界上一些发达国家都在进行河流回归自然的改造，使用河道“多自然型河流治理法”即“多种生物可以生存、繁殖的治理法”[26]。河流近自然治理的思想最先产生于欧洲，在自然河流治理中注重河流景观与其周围环境的和谐，即河流治理工程所形成的新景观符合人类与自然共存的要求。随后逐渐发展为现在的近自然治理或称为近自然管理，美国称为“自然河道设计技术”，德国称为“近自然河道治理工程学”。20世纪70年代中期，德国进行了关于自然的保护与创造的尝试，被称为“Naturnahe”（重新自然化），或“近自然河道治理工程”。不久，这一做法便传到了周边国家。20世纪80年代至今的40多年里，成效斐然，积累了丰富的经验。

总之，很多国家都在对破坏河流自然环境的做法进行反思，并逐渐开始进行河流回归自然的改造，纷纷大规模拆除以前人工在河床上铺设的硬质材料，使城市河流恢复自然状态。

西方国家在河流生态恢复方面已经有近50年的历史，他们的经验值得我们借鉴，特别是在河流管理的理念，河流公众参与环节，河流生态建设的目标、重点、工程技术等方面，都值得我们认真研究。

1.2.2 国内河流再自然化修复理论研究进展与实践

我国传统的水利工程常常在河岸及河底使用浆砌或干砌块石、现浇或预制混凝土等刚性材料，取代以前的土壤，忽视河流长期形成的自然形态。其优点是技术成熟、稳定性好、节省土地、施工机械化程度高等，对解决水患和保持水土具有很好的效果，但缺乏对景观效益和生态效益的考虑。近年来，随着生态学与工程设计的结合，人与自然和谐的理念逐渐被国内的学者所重视。人们对河流整治观念的认识开始转变，更注重人与自然和谐发展，力求维持河流环境、物种多样性及河流生态系统平衡。但河流自然化修复的研究在我国仍处在探索阶段，相比于发达国家存在着较大的差距，研究成果较少。

董哲仁[27]在研究国外生态工程学和河流生态恢复理论的基础上，提出水利工程学要吸收生态学的原理和方法，完善水利工程的规划、设计理论和方法，探索和发展生态水利工程学，在满足人们对水的各种不同需求的同时，还应满足水域生态系统完整性、依存性的要求，恢复与建设洁净的水环境，实现人与自然的和谐共处。他首次提出了“生态水工学”的理论框架，认为在水工学、水利工程学的基础上，吸收、融合生态学理论，传统水利工程的设计思想应该被革新，应该超前开展“生态水工学”的研究，并探讨了河流生态修复的基础研究问题和技术手段。

王薇和李传奇[28]从生态学的角度出发，介绍了当时国内河流生态修复的情况，同时对河流生态修复在发达国家中的研究进展进行了综述，提出将水系修复到接近自然的状态，要优先考虑河流的生态功能，提出从河流廊道的角度来研究河流生态系统的功能，对指导河流生态修复有重要意义。他们认为，我国河流生态修复研究和实践偏重修复河流的水体受污染问题，而不重视河流生态系统中关于结构、功能的修复。

杨海军和李永祥[29]在国家相关资助下，对城市受损河岸的近自然修复过程中的自组织机理问题开展了研究，但仅仅取得了初步成果，还存在许多问题有待进一步深入细致研究。他们随后结合我国国情完善了“应用生态工学”理论，开展了受损河岸生态修复技术的试验研究，提出了修复受损河岸带等方面的相关理论与技术。

何松云等[30]从不同角度分析了水利工程对生态环境的影响，认为以往的水利工程设计首先是在满足其防洪功能的前提下，着重于工程的结构设计，很少去考虑工程对周边生态环境的影响，使河流在结构和功能上受到损害。

夏继红和严忠民[31, 32]对国内和国外生态河岸带的研究进展和发展趋势进行了综合分析，指出近些年来，我国已开始在城市河流的“生态型护岸技术”领域进行研究，并对生态型护岸的结构形式提出了多种解决方案，但并没有对河道生态护岸及生态、环境的影响问题加以考虑，仅仅是在维持岸坡结构稳定性的角度上来进行研究分析，并不是真正意义上的河道生态护岸。

王秀英等[24]从河床形态多样化角度出发，归纳了河流近自然治理河道形态设计基本原则，其中包括断面设计原则：形成浅滩和深潭的形态；确保水域到陆地间的过渡带；避免建造水流浅平的矩形断面，河床宽度适中；不固定河床使河流拥有一定的摆动幅度；在河流占地狭小的地方更重视水边的多样性；不画直线形的横断面图。该设计原则还包括平面形态设计原则：充分利用河流的自然形状；平面形状要蜿蜒曲折；形成交替的浅滩和深潭；保留大的深水潭以及河畔林；尽量将原河床及沿岸滩地纳入平面设计中；尽量确保河道用地宽度。杜良平[33]以浙江省栅庄桥港生态河道规划设计为例，探讨了生态河道的构建体系。吴捷[34]针对常州市河岸带现状与生态恢复对策进行了初步的研究并提出相关建议。

在20世纪90年代后，国内的河流近自然整治工程陆续开展了一些小规模的实验研究，如哈尔滨的滨江改造[35]、沈阳的浑南新区开发[36]、天津的海河沿岸开发[37]、青岛的海滨新区规划[38]、上海外滩开发[39]、苏州河整治[40]、杭州的西湖开发规划[41]、太原汾河公园建设工程、北京转河生态治理工程[42]等，都有效地改善了城市河流的自然环境和风貌。

1.3 河流再自然化修复原则

河流再自然化修复应遵循以下5方面原则。

1. 准确把握河流发展进程及特点

河流的发展过程包括河流的历史状况、现实状况及未来发展。河流不同时期的环境状况包括水域、陆地、气候、动植物、开发利用等方面的情况。通过历史资料与现实资料的对比，对预测河流将来的发展趋势以及河流生物以后的生存状况具有十分重要的意义。同时，河流的历史状况或现实状况也可以作为河流再自然化的目标水平或参照系。而对河流未来发展的预测则为河流再自然化措施的设计、布置及实施指明了方向。

河流的特点包括河流地形地貌、底质、水文情势、连通性、动植物种类及多样性，河滩地及阶地的坡度、植被及人居情况，河流工程开发利用及规划情况等方面的特点。河流多指标特点研究的深入程度决定着河流再自然化修复的精准度、完善度以及预期目标的可实现度。

2. 协调河流相关规划

河流再自然化规划应是与防洪规划、水利规划、环境保护规划、城市和区域规划等规划并举的规划之一，其中的任何一个规划都不能脱离其他规划而完全独立。对于河流再自然化的规划来说，其他相关规划都是其前提和制约条件。防洪、水利规划往往被置于最优先的地位，河流再自然化的规划任务是要努力寻求防洪、水利等其他规划与自然相协调的方法。

3. 制定切实可行的再自然化修复目标

河流再自然化修复目标要结合河流现状及再自然化的目标设定。目前我国的河流大多经过传统水利工程的整治，出现河道被裁弯取直、河床硬质化、河道被完全拦断、水质被污染、水生生物多样性锐减等情况。对这些因已有工程导致河流生态环境受损的河流进行再自然化修复，其目的是为改善河流现状，以使其恢复到河流某个时间段的历史水平为目标。对于将要开展水利工程建设的河流，其目的是为尽量减少规划建设的水利工程对河流生态系统造成的不利影响，以工程建设后河流仍能最大限度地保持现有的河流生态结构与功能为目标，即以河流现状为再自然化修复的目标。

时代在进步、社会在发展，河流再自然化修复的目标不能盲目地以河流的自然状况为依据，完全恢复自然状态的目标是不可能的也是没必要的。河流再自然化修复的目标和恢复程度应在考虑人类对河流水资源开发和利用的同时，尽可能地恢复河流的自然面貌，减少工程建设的不利影响，有选择性地减少人工设施，有目的地减少人工干预。因此，制定切实可行的目标是河流再自然化修复成功的保证。

4. 开展多目标和多尺度的河流再自然化

河流在城市的自然系统和社会系统中具有多方面的功能，如水利、交通运输、游憩、城市形象以及生态功能等。因此河流的再自然化设计就涉及防洪、水利、水质、栖息地、游憩、城市设计等多方面的内容。强调多目标的河流再自然化规划设计是保证满足各种需求的平衡、实现河流水生态可持续发展的唯一途径。多目标的河流再自然化规划设计的任务包括水质条件、水文条件的改善，河流地貌特征的改善，生物栖息地质量的提高，河流美学价值和游憩价值的实现。

正确理解河流保护的尺度，是把仅着眼于河道及其两岸的物理边界扩大到河流生态系统的生态尺度边界，即以流域尺度为考量背景、以河流尺度为设计基础，同时结合不同河段采取不同的设计手法。

5. 充分利用自然力实现河流再自然化

顺应河流的自然形态、自然演变规律，充分利用河流自身的力量来实现河流生态系统的恢复，人的因素只能是在大自然力量的引导下做一些促进河流自身恢复的辅助工作。要创造再自然化的河流，工程量应尽可能小，同时努力保护现有的生态系统和景观，严格控制混凝土一类材料的使用。

（1）营造自然的生态空间。河流再自然化修复要求在开发与利用、安全、生态、景观并重的条件下，采用接近自然的形式和方法进行治理，即设计接近自然河流生态的河岸、溪畔、深潭、浅滩以及滩地，舒适宜人的游憩亲水空间等。如利用未受影响或影响较小的岔河、河沟等建设仿自然通道；将状况良好的支流、库尾河段打造成鱼类适宜的栖息地、产卵场等；根据河道弯曲形态在下切岸打造深潭、尖洲岸设计浅滩，成为鱼类觅食、越冬的场所。

（2）因地制宜地规划防洪、滞洪措施。河流再自然化修复措施应该将两岸的山体以及谷间空地，设计为休憩用地、保护湿地等，作为开发空间，其可以作为降雨时的滞洪用地，并在降雨时补充流域的地下水，而当发生暴雨洪峰时，这些地点都可以作为滞洪设施，延缓下游洪峰流量到达，以减少下游地区的洪水灾害。

（3）顺应原有的河道地形。河流再自然化修复的规划、设计应该顺应自然河道蜿蜒曲折的形态、河道的坡降、浅滩和深潭的交替以及自然平衡的河道宽窄变化，避免采用平直等宽的河道设计方式，且不宜以混凝土封底，防止改变河道水流的流动形态，切断自然水体的横向、纵向交流。

（4）避免干扰水生生物栖息地。除配合水利工程的功能以及安全外，河流再自然修复要尽可能减少对河道与河岸带的干扰范围，保留原有的孔穴、砾石滩、草滩，以避免水生生物栖息地生境遭到破坏。

（5）使用本地材料，人工养殖或种植本土动植物。河流再自然化的规划中，植被、土壤、河道底质等的自然设计是实现河流自净功能、河道稳定、河道水体横向交流顺畅的方法。对于植被、土壤、河道底质的选择应以本地的砾石、卵石、砂砾、泥土等为对象，对植被景观的应用和设计也应以当地所有的、常见的品种为首要考虑对象。对动植物资源受工程影响明显的项目的再自然化修复设计中，对人工养殖或种植的种类选择，切忌为了盲目地增加动植物的数量和种类、提高景观美化度、制造宣传噱头等目的而引进外来物种，这将对河流生态系统造成次生灾害。

第2章

大渡河河口环境概况

2.1 自然环境概况

2.1.1 流域概况

大渡河是长江上游岷江水系的最大支流，汉代称为沫水，后世又称阳江、阳山江、大渡水、铜河。大渡河发源于四川与青海交界的雪山草地，其上源有两支：西源绰斯甲河，发源于青海省果洛山东南麓；东源足木足河，发源于青海省阿尼玛卿山。两源汇合后始称大金川，南流至丹巴县，左纳来自小金县的小金川，后称大渡河。大渡河继续向南流，左纳金汤河，右纳瓦斯沟，过泸定县后，又右纳田湾沟、松林河，折而东流，至石棉县，右纳南垭河，至汉源县，左纳流沙河，至甘洛县尼日，右纳牛日河，再东流过金口河、峨边县，至乐山市铜街子折而向北，过福禄镇有较大弯折，于乐山市草鞋渡左纳青衣江，然后东流至乐山市市中区的肖公咀与岷江相汇。干流河道略呈“L”形，全长 1 074 km，四川境内河长 876 km。干流天然落差 4 175 m，四川境内 2 788 m。流域面积 77 153 km^2（不含青衣江），四川境内 67 920 km^2，约占全流域面积的 88%。流域地势西北高、东南低。泸定以上为上游，集雨面积占全流域的 76.1%，泸定至铜街子为中游，集雨面积占全流域的 22.6%，铜街子以下至河口为下游，集雨面积占全流域的 1.3%。

大渡河干流在铜街子以上，河流行进在高山峡谷之间，河道弯曲、坡陡、流急。大渡河河口段为铜街子以下，其河宽逐渐增大，特别是沙湾至乐山段，长约 35 km，河谷开阔，水流散乱；汊濠纵横，洲岛遍布，是典型的多汊滩险河道。大渡河河口段夏秋汛期，众濠分流，江宽水阔，川流交错，状如水网，行船如入迷宫；枯水期，卵石遍滩，沙质岸滩，河滩草地随处可见。河床由砂卵石组成。

2.1.2 地形地貌

大渡河河口段地貌形态主要表现为侵蚀堆积地貌，属于山区至平原区的冲积扇。河谷宽缓，河床宽度 300～3 000 m，心滩、漫滩发育，两岸地形不甚对称。右岸为冰水堆积组成的 III 级基座阶地，山顶高程 420～2 027 m，地形较为陡峻，岸坡自然坡度角 22°～50°，局部呈直立状，坡体内冲沟发育；左岸沿江为一大片 I 级阶地，宽度 0.8～1.5 km，地形较为平缓。

大渡河河口段内河心岛主要呈长条形或椭圆形，发育于大渡河中，上段河心岛（沫东坝）地面高程一般在 395～399 m，下段河心岛（金坝）地面高程一般在 367～369 m。

据大渡河河口段所在的乐山市农业区划土壤普查资料，乐山市沙湾区土壤共分为 6 个土类、11 个亚类和 35 个土属。土壤有机质累积普遍较高，呈地带性分布。在海拔 800 m 以下广泛分布着水稻土；紫色土主要分布在沫溪河和西部丘陵地区；冲积土主要分布沿河坝州；暗紫泥主要分布在沫溪河沿岸以及低山沿大渡河谷坡，呈窄条状；红紫泥主要分布在观榜低丘；灰棕紫泥主要分布在新农—嘉农一线低丘和太平—碧山一线低丘；红棕紫泥主要沿新农—嘉农、太平—观榜呈窄带分布；黄壤冷沙黄泥土主要分布在东部深丘；低山产煤区、矿子黄泥分布于大渡河谷坡石灰岩出露地区。

2.1.3 气候

大渡河河口段属亚热带湿润季风气候区。冬季受西风带气流影响，寒冷少雨；夏季受东南暖湿气流控制，温湿多雨。在季节上具有春迟、夏短、秋早、冬长等特点，并多低温、多雨天气。

根据大渡河河口乐山市气象站历年观测资料统计，多年平均气温 17.1℃，极端最高气温 36.8℃（1988 年 5 月 3 日），极端最低气温-2.9℃（1976 年 12 月 29 日），多年平均降水量 1 323.2 mm，多年平均相对湿度 80%，多年平均风速 1.3 m/s，历年最大风速 17.0 m/s（1975 年 8 月 9 日），相应风向 NNE。降雨在年内分配不均匀，雨量集中于汛期，7～9 月降雨量占年雨量的 80%以上（表 2.1）。

表 2.1 乐山市气象站气象要素统计表

气象要素		月份											
		1	2	3	4	5	6	7	8	9	10	11	12
降水量	多年平均/mm	16.8	21.9	38.7	76.7	107.8	156.0	303.0	307.4	165.1	76.9	39.1	13.8
	最大一日/mm	17.5	13.8	24.3	51.2	144.2	168.4	213.7	248.2	247.3	72.9	42.5	11.5
气温	多年平均/℃	7.2	8.6	13.1	17.9	21.8	23.9	25.8	25.8	21.7	17.8	13.3	8.7
	极端最高/℃	17.8	22.7	29.6	34.7	36.5	36.8	36.3	36.8	35.6	28.8	25.5	20.9
	极端最低/℃	-2.5	-1.9	0.2	2.2	10.3	13.6	17.6	17.4	13.3	5.3	2.2	-2.9
各月蒸发量/mm		34.4	42.6	76.3	114.7	146.1	134.7	147.6	144.2	86.2	66.0	45.9	32.9
风速	多年平均/（m/s）	1.0	1.2	1.5	1.6	1.6	1.4	1.4	1.4	1.3	1.1	1.1	1.0
	最多风向	N	N	N	N	N	N	N	N	N	N	N	N
多年平均相对湿度/%		80	79	76	75	75	79	83	82	85	85	82	82

2.1.4 径流和洪水

大渡河流域内的径流主要由降雨形成，径流的年际年内变化与降雨特性基本一致。径流的年际变化较小，枯水季径流较为稳定。径流在年内的分配不均匀，丰水期 5～10 月径流量之和占年总径流量的 80.1%，11 月～翌年 4 月径流量之和只占年总径流量的 19.7%，而水量最小的 2 月份仅占约 2.09%。年最小流量一般出现在 2 月。

大渡河流域洪水发生时间与暴雨同步。据分析，上游集雨面积大，降水强度相对较小，洪峰水量不高，大渡河口地区处于青衣江、马边河、安宁河三暴雨区波及范围，暴雨频繁，强度大，以上三个暴雨区是大渡河流域暴雨洪水的主要来源区。

2.1.5 泥沙情势

大渡河两岸比较陡，推移质比较多，形成河道摆动。随着大渡河规划梯级电站的逐步开发，推移质被拦截。安谷水电站规划建设前，大渡河中上游已建的泸定水电站、龙头石水电站、瀑布沟水电站、深溪沟水电站、枕头坝一级水电站、沙坪二级水电站、龚嘴水电站、铜街子水电站、沙湾水电站等梯级电站，均具有一定的拦沙库容，可以层层拦截推移质泥沙。目前龚嘴水电站推移质泥沙出库较少，铜街子水电站推移质泥沙出库时间尚远，铜街子水电站—安谷水电站区间无大的支流汇入，所以安谷水电站在运行期内的入库推移质输沙量很少。

安谷水电站多年平均入库沙量为 1.192×10^{7} t，相应含沙量为 0.250 kg/m^{3}。

2.1.6 水质状况

根据大渡河河口段现场调查和水质监测结果，大渡河河口段水体中无漂浮物、色、臭、味等。水质观感性状良好，能达到《地表水环境质量标准》（GB 3838—2002）III 类水质对感观的要求。

水体中 pH、溶解氧（dissolved oxygen，DO）、生化需氧量（biochemical oxygen demand，BOD）、氨氮、镉、铜、锌、铅等标准指数小于 1，符合地表水 III 类水质标准。

粪大肠菌群的标准指数大于 1，不符合地表水 III 类水质标准，为地表水 IV～V 类水质。

综合分析，大渡河河口段仅有粪大肠菌群一项指标超过地表水 III 类水质标准，主要是沿岸生活污水排放所致。总体上讲，大渡河河口段水质良好，可以满足相应水质标准要求。

2.2 社会经济概况

本书研究范围涉及乐山市市中区的安谷镇、罗汉镇、水口镇和沙湾区的嘉农镇、太平镇。按 2008 年《乐山市市中区统计年鉴》和《沙湾统计年鉴》资料分析，涉及的乐山市市中区有 3 镇 38 村，总人口 60 070 人，其中农业人口 54 059 人，总耕地面积 29 069 亩[①]，人均耕地 0.54 亩/人，粮食总产量 14 136 t，耕地亩产 486 kg/亩，人均粮食 261 kg/人，人均纯收入 5 137 元/人；沙湾区有 2 镇 29 村，总人口 50 867 人，其中农业人口 38 104 人，

① 1 亩≈666.7 m^{2}。

总耕地面积 28 185 亩，人均耕地 0.74 亩/人，粮食总产量 9 331 t，耕地亩产 331 kg/亩，人均粮食 245 kg/人，人均纯收入 5 067 元/人。

区内主要粮食作物有水稻、玉米、小麦、甘薯等，主要经济作物有油菜、蚕桑、黄花菜、沙梨等。区内水田以种植水稻为主，旱地主要种植玉米、小麦、甘薯、棉花、油菜及花生等。

乐山市资源富集，是西部最具开发潜力的城市之一。现已探明的矿产资源达 30 种，其中磷矿、盐岩、石灰石等非金属矿品质优良，储量居四川省前列，石膏、石灰石、白云石储量巨大。乐山市同时也是全国著名的旅游城市，旅游资源得天独厚，自然与人文旅游资源十分丰富，交通也十分方便，是川西南地区的重要水陆交通运输枢纽，地理区位优势十分明显。乐山现已形成了以成昆铁路、成贵铁路、成乐高速公路为主通道，国道 213 线、245 线、348 线等公路为主骨架，县、乡、村公路为支线，岷江、大渡河水运为辅助的交通网络。

2.3 河道生境概况

2.3.1 河流物理形态

大渡河河口洲岛个数共 78 个，洲岛密布；河道蜿蜒度高达 4.964，河网密度为 3.384 km/km^2，为典型的河网型河道。

2.3.2 水文情势

大渡河河口丰水期与枯水期水量分配差异明显，丰水期最高流量可达到枯水期最低流量的 12.60 倍，丰水期最高水位可高于枯水期最低水位 3.4 m。径流量集中分布在 6～9 月，年内径流变化节律明显，且 6～9 月的汛期期间有两个明显的大洪峰过程：第一次大洪峰过程涨水明显，降水持续时间短促，流量和水位达到年内水量最高值；第二次大洪峰过程开始有一个较长时间持续的较高的流量和水位过程，之后经过一个短促的涨水过程，便开始进入到持续的落水过程。

大渡河河口每个枯水年将历经 3 年左右的变化周期达到下一次丰水年。流量和水位最低值出现日期集中分布在 1 月中旬至 3 月中旬，流量和水位的最高值出现日期集中分布在 6 月中旬至 9 月中旬。

大渡河河口年内日流量和水位变化明显，丰水期流量和水位明显高于枯水期，枯水期日间和日内流量、水位的变幅很小，丰水期日间和日内流量、水位的变幅较大，水位指标的年内、日间和日内的变幅远远低于流量指标。

天然条件下，大渡河河口丰水期（6～9 月）最大水深为 18.6 m，最大流速为 6.2 m/s；

枯水期（12 月～次年 3 月）最大水深为 15.2 m，最大流速为 5.2 m/s。

2.3.3 河道微生境

大渡河河口河道坡度可以分为 3 个等级，以 30°～59°的斜坡为主；河床材料可以分为 5 个等级，以粗砾和巨砾为主；河流护岸类型可分为 3 个类型，以无防护型的天然河岸为主；水流类型可以分为 4 个类型，以微波和混合流为主；主要河道生境类型可以分为 4 个类型，以浅流为主。

大渡河河口段，在岷江和青衣江来水的顶托作用下，形成了网状的河口洪泛地，其洲岛密布，河道蜿蜒度与河网密度极高，同时江心洲岛人工开发利用率高；其水文情势特征总体上与一般河流近似，但由于网状的河道，使其各汊河上的水流分配瞬息万变，造就了复杂的流场分布结构；其河道特征的每个指标又可以初步分为 3～5 个类型，各指标不同类型间的组合，显示了该河段微生境类型的多样性。水流的作用形成了大渡河河口复杂的河网结构，复杂的河网结构又承载着多变的水流形态，这两者同时造就了河道微生境的高度多样性。

第3章

大渡河河口水生生物现状

3.1 调查方法

3.1.1 调查范围

水生生物（浮游植物、浮游动物、底栖动物）调查范围为大渡河河口乐山市沙湾区至市中区约 30 km 长的干支流。采样点的布设见图 3.1～图 3.4。作者于 2010 年 4 月、2010 年 8 月、2011 年 5 月和 2011 年 10 月分别在大渡河河口段进行水生生物的样品采集。

3.1.2 样品采集

水生生物样品的采集和检测参考《内陆水域渔业自然资源调查手册》[43]《淡水浮游生物研究方法》[44]《中国淡水生物图谱》[45]《淡水微型生物图谱》[46]等文献资料。

1. 浮游植物

浮游植物定性样品的采集采用 25 号浮游生物网在水深约 0.5 m 的水中拖曳约 5 min，收集 50 mL 水样，加入鲁氏碘液固定（固定剂量为水样的 15%），带回实验室待检。

浮游植物定量样品的采集采用 2 500 mL 采水器取水深约 0.5 m 深处的表层水 2 000 mL，加入鲁氏碘液固定（固定剂量为水样的 1%）。水样经过 48 h 静置沉淀，抽取上清液，浓缩至 30 mL，保存待检。

2. 浮游动物

浮游动物包括原生动物、轮虫、枝角类、桡足类。

原生动物和轮虫：浮游动物中的原生动物、轮虫与同断面的浮游植物共用一份定性、定量样品。

枝角类和桡足类：定性样品的采集采用 13 号浮游生物网在水中拖曳约 5 min，收集 50 mL 水样，加福尔马林液进行固定（固定剂量为水样的 5%）。

浮游动物定量样品的采集采用 2 500 mL 采水器取水深约 0.5 m 深处的表层水 10 L，用 25 号浮游生物网过滤后，将网头中的水样放入 50 mL 样品瓶中，加福尔马林液进行固定（固定剂量为水样的 5%）。在室内，继续浓缩定量样品至 10 mL，保存待检。

3. 底栖动物

底栖动物分三大类：水生昆虫、寡毛类、软体动物。

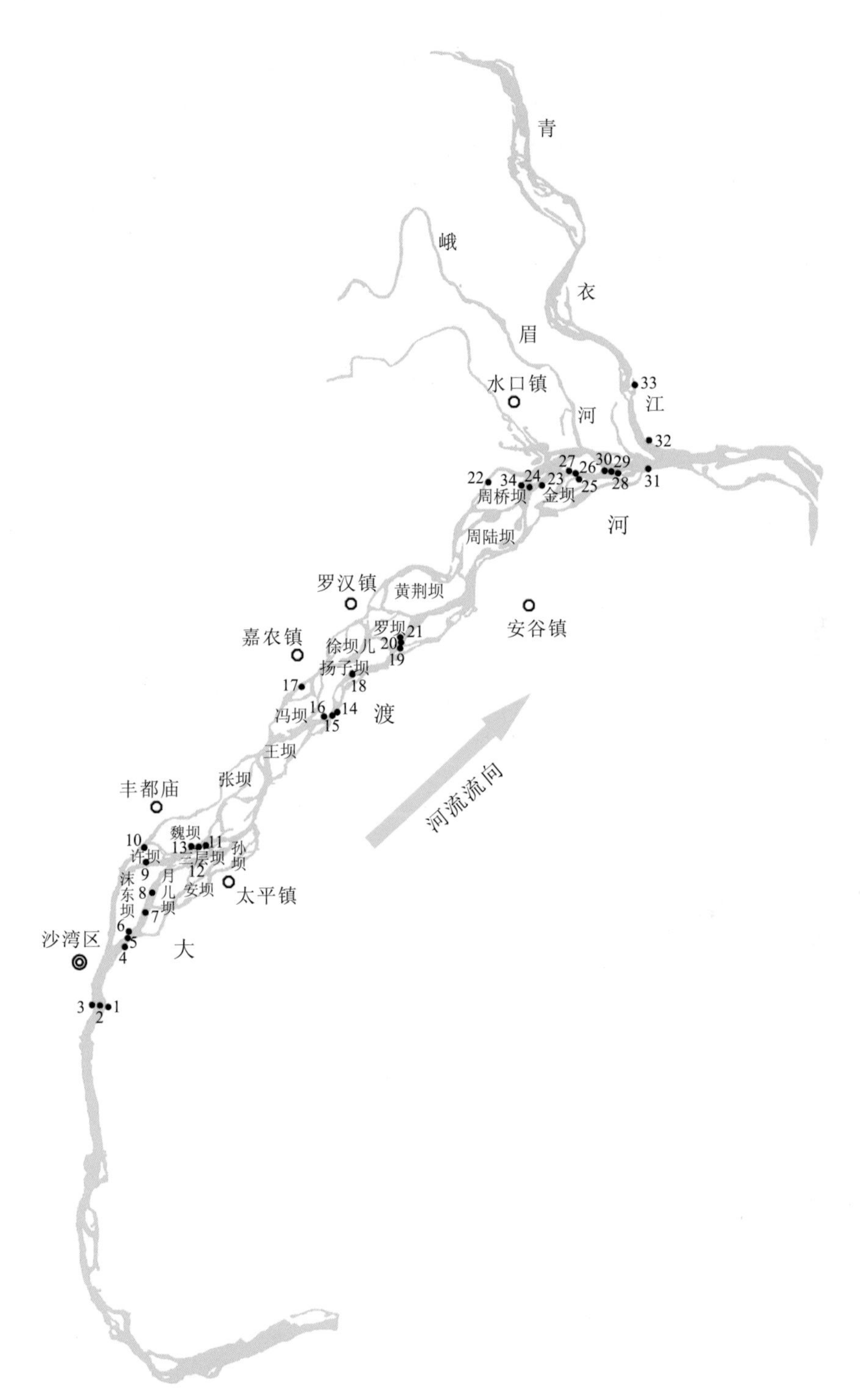

图 3.1　2010 年 4 月春季水生生物样品与微生境指标采集点布置图

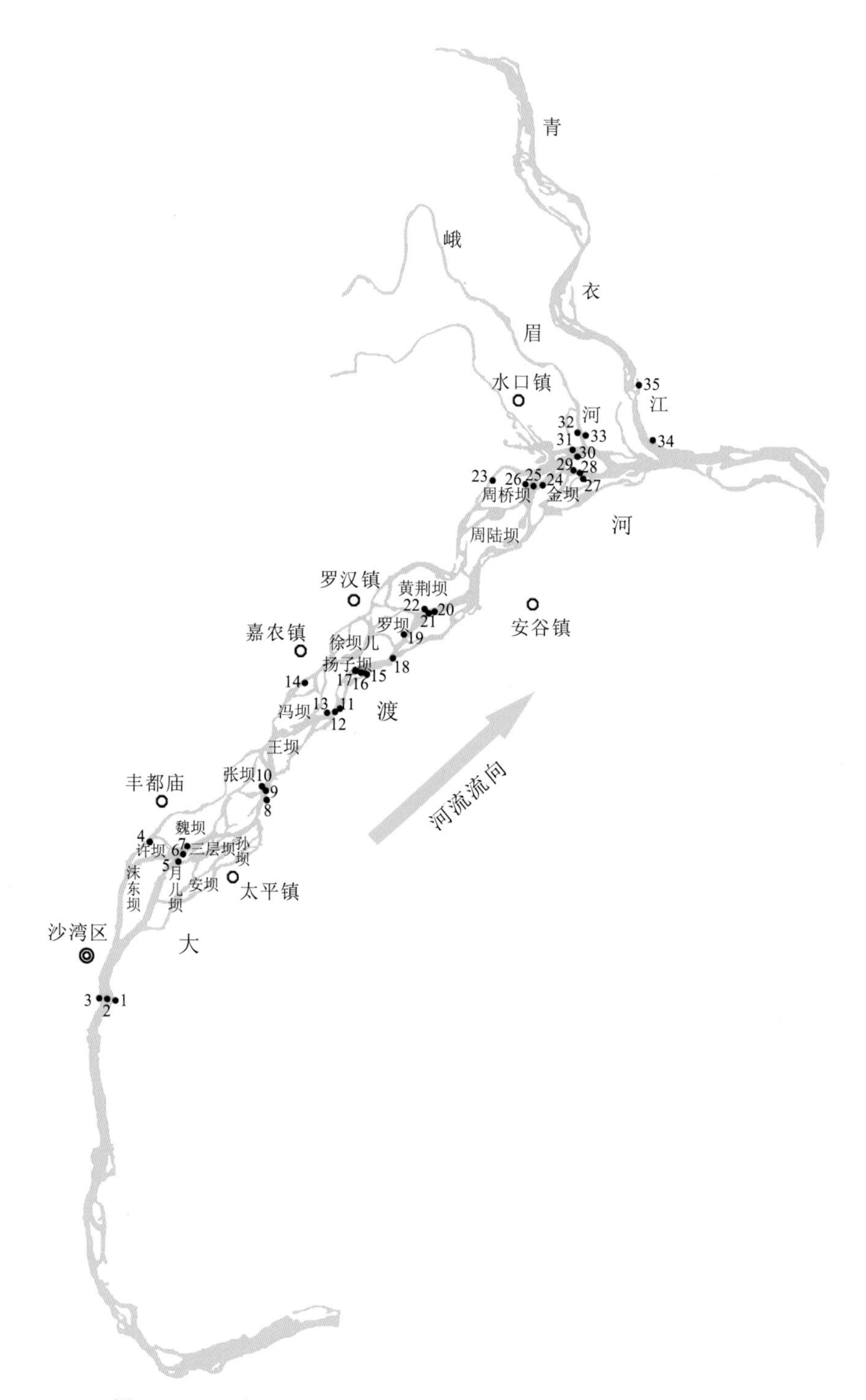

图 3.2　2010 年 8 月秋季水生生物样品与微生境指标采集点布置图

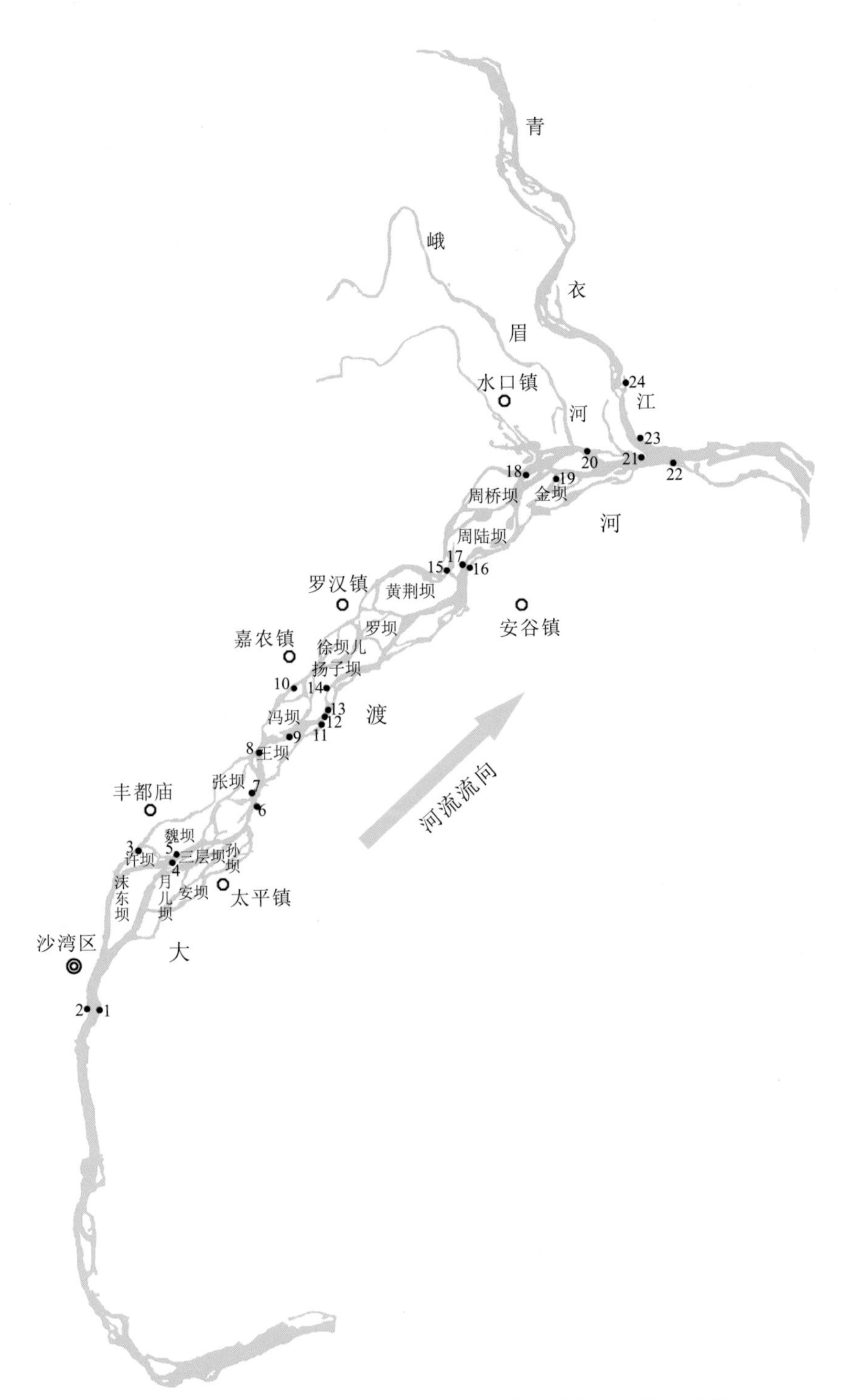

图 3.3　2011 年 5 月春季水生生物样品与微生境指标采集点布置图

图 3.4　2011 年 10 月秋季水生生物样品与微生境指标采集点布置图

用底泥采集器采集定量样品，每个采样点采泥样 2～3 个。

软体动物定性样品用 D 形踢网（kick-net）进行采集，水生昆虫、寡毛类定性样品采集与定量样品采集方式相同。

砾石底质无法用底泥采集器挖取，捞取砾石用 60 目筛绢网筛洗或直接翻起石块在水流下方用筛绢网捞取。

采集到的泥样倒入塑料盆中，对底泥中的砾石，仔细刷下附着在底泥中砾石上的底栖动物，经 40 目绢网分样筛选后拣出大型动物，剩余杂物全部装入塑料袋中，加少许清水带回室内，在白色解剖盘中用细吸管、尖嘴镊、解剖针分拣。

软体动物用 5%福尔马林溶液或 75%乙醇溶液保存；水生昆虫用 5%福尔马林溶液固定数小时后再用 75%乙醇保存；寡毛类先放入加清水的培养皿中，并缓缓滴数滴 75%乙醇麻醉，待其身体完全舒展后再用 5%福尔马林溶液固定，75%乙醇保存。

3.1.3　样品检测

1. 浮游植物

在 10×40 倍的光学显微镜下对采集到的浮游植物定性样品进行观察分类。

浮游植物定量样品在检测前应充分摇匀，后再吸取 0.1 mL 摇匀的样品置于 0.1 mL 计数框内，在 10×40 倍的光学显微镜下按视野法计数，每个样品计数 2 片，进行浮游植物定量计数，然后根据浮游植物细胞体积的大小换算其生物量。

2. 浮游动物

原生动物定性样品，在 10×20 倍的光学显微镜下进行观察分类。原生动物定量样品在检测前应充分摇匀，取摇匀后的定量样品 0.1 mL 置于 0.1 mL 计数框中，在 10×20 倍的光学显微镜下全片计数，每个样品计数 2 片，进行原生动物定量的计数，然后根据体积换算法，即根据原生动物不同种类的体形，按最近似的几何形测量其体积，从而计算出原生动物生物量。

轮虫定性样品，在 10×10 倍的光学显微镜下进行观察分类。取摇匀后的定量样品 1 mL 置于 1 mL 计数框中，在 10×10 倍的光学显微镜下全片计数，每个样品计数 2 片，进行轮虫定量的计数，然后根据体积换算法，即根据轮虫不同种类的体形，按最近似的几何形测量其体积，从而计算出轮虫生物量。

枝角类定性样品倒入培养皿中，在解剖镜下将不同种类的样品挑选出来置于载玻片上，用压片法在显微镜下检测种类。将定量样品摇匀后取 1 mL 置于 1 mL 计数框中，在 10×4 倍的光学显微镜下全片计数，每个样品计数 10 片。枝角类生物量的计算通过对不同种类的体长的测量，再利用回归方程计算个体体重。

桡足类定性样品倒入培养皿中，在解剖镜下将不同种类挑选出来置于载玻片上，在光学显微镜下用解剖针解剖后检测种类。将定量样品摇匀后取 1 mL 置于 1 mL 计数框中，在 10×4 倍的光学显微镜下全片计数，每个样品计数 10 片。桡足类生物量的计算通过对不同种类的体长的测量，再利用回归方程式计算其个体体重。

3. 底栖动物

定性样品倒入培养皿中，在解剖镜下进行种类的鉴定。

底栖动物密度按种类计数（损坏标本一般只统计头部），再换算成 ind./m^2。软体动物用电子秤称重，水生昆虫和寡毛类用扭力天平称重，再换算成 mg/m^2。

以上水生生物多样性指数（H'）采用香农-维纳多样性指数（Shannon-Wiener's diversity index）：

$$H' = -\sum_{i=1}^{S} \frac{N_i}{N} \cdot \log_2 \frac{N_i}{N}$$

式中：H'为多样性指数；N_i为样点中 i 种的个数；N 为样点中浮游植物总个数；S 为样点中浮游植物总种数。

3.2 浮游植物群落结构特征

3.2.1 浮游植物种类组成

2010～2011 年四次调查共采集到浮游植物 8 门 69 属 212 种，名录见附表 1。其中：硅藻门种类最多，占总种数的 67.45%；其次为绿藻门，占总种数的 20.28%；蓝藻门种类排第三，占总种数的 8.02%；红藻门、甲藻门、裸藻门、隐藻门和黄藻门偶见，五门藻类种类数合计占总种数的 4.25%（表 3.1）。

表 3.1 浮游植物种类组成 （单位：种）

种类	2010 年		2011 年		共计
	春	秋	春	秋	
硅藻门	100	105	110	103	143
绿藻门	31	31	32	28	43
蓝藻门	10	16	13	10	17
红藻门	1	1	0	0	1
甲藻门	2	2	1	1	2
裸藻门	3	3	2	1	3
隐藻门	2	0	1	0	2
黄藻门	0	0	1	1	1
合计	149	158	160	144	212

3.2.2 浮游植物优势种

根据 2010～2011 年四次调查结果显示，浮游植物优势种主要有硅藻门的变异直链藻、颗粒直链藻、颗粒直链藻（极狭变种）、普通等片藻、中型脆杆藻、克洛脆杆藻、双头针杆藻、尖针杆藻、华丽星杆藻、矮小辐节藻、英吉利舟形藻、扁圆舟形藻、小头桥弯藻、微细桥弯藻、细小桥弯藻、膨胀桥弯藻、极小桥弯藻，绿藻门的二角盘星藻纤细变种、短棘盘星藻长角变种、整齐盘星藻、单角盘星藻具孔变种、链丝藻。其中春季优势种为硅藻门，秋季优势种为硅藻门、绿藻门和蓝藻门。

3.2.3 浮游植物现存量

1. 浮游植物密度

根据 2010～2011 年四次调查结果统计（表 3.2），浮游植物密度平均为 439 780 ind./L。其中：硅藻门种类密度最高，占总密度的 89.33%；其次是绿藻门和蓝藻门，分别占总密度的 6.96%和 3.03%；甲藻门、裸藻门、红藻门和黄藻门密度很低，四门藻类密度合计占总密度的 0.68%。

表 3.2 浮游植物密度 （单位：ind./L）

种类	2010 年		2011 年		共计
	春	秋	春	秋	
硅藻门	601 965	135 431	495 170	338 891	392 864
绿藻门	38 123	16 756	15 600	52 000	30 620
蓝藻门	13 163	10 053	20 280	9 806	13 326
甲藻门	0	347	0	0	0
裸藻门	6 435	3 120	650	297	2 625
红藻门	195	462	0	0	219
黄藻门	98	0	130	149	126
合计	659 979	166 169	531 830	401 143	439 780

2. 浮游植物生物量

根据 2010～2011 年四次调查结果统计（表 3.3），浮游植物生物量平均为 9.62977×10^{-7} mg/L。其中：硅藻门生物量最高，占总生物量的 70.81%；其次是蓝藻门，占总生物量的 15.37%；绿藻门占总生物量的 12.68%；甲藻门、裸藻门、红藻门和黄藻门生物量很低，四门藻类生物量合计占总生物量的 1.14%。

表 3.3 浮游植物生物量 （单位：10^{-4}mg/L）

种类	2010 年		2011 年		共计
	春	秋	春	秋	
硅藻门	8 466.97	5 301.11	7 582.26	5 924.6	6 818.74
绿藻门	194.03	121.25	124.67	4 442.57	1 220.63
蓝藻门	2 042.63	1 212.70	1 791.85	873.58	1 480.19
甲藻门	0	173.33	0	0	43.33
裸藻门	160.88	78.00	16.25	7.43	65.64
红藻门	0.75	1.85	0	0	0.65
黄藻门	0.97	0	0.65	0.74	0.59
合计	10 866.23	6 888.24	9 515.68	11 248.92	9 629.77

3.2.4 浮游植物多样性

根据 2010～2011 年四次调查结果统计，浮游植物香农-维纳多样性指数平均为 3.380 4。

2010 年春季浮游植物香农-维纳多样性指数平均为 3.002 0，范围为 2.724 1～3.400 0。2010 年秋季浮游植物香农-维纳多样性指数平均为 3.863 6，范围为 3.440 0～4.144 4。2011 年春季浮游植物香农-维纳多样性指数平均为 3.270 7，范围为 2.815 4～3.667 7。2011 年秋季浮游植物香农-维纳多样性指数平均为 3.385 3，范围为 2.931 1～3.970 8。

3.2.5 浮游植物现状

1. 种类组成和优势种

大渡河河口浮游植物种类组成以适合流水环境的硅藻门为主，其次是绿藻门和蓝藻门，其他门类的藻类偶见，体现了天然河流的浮游植物群落结构组成，其种类数及结构组成季节差异不大。

在 2010～2011 年四次调查中，春秋两季优势种有部分交叉，同时又有明显的演替。春季优势种种类少，仅限硅藻门，秋季优势种种类则明显增多，虽然硅藻门仍为主要优势种，但其他门类，特别是绿藻门中的盘星藻也是秋季优势种中的重要组成部分。

2. 现存量

2010～2011 年四次调查显示，浮游植物现存量主要受温度、营养盐、水流和光照等多种环境因子的影响[47-49]，此外，水文情势[50]、浮游动物摄食等因素也对其造成一定的影响。

秋季受夏季丰水期的持续影响，水量较春季大，流速快，营养物质滞留时间较短，且含沙量高，透明度低，这些因素使浮游植物的生长受到抑制，同时，较大的流量也使浮游植物密度在一定程度上被“稀释”。因此，大渡河河口浮游植物密度春季高于秋季。

秋季稍高的水温使得绿藻门和蓝藻门种类数量增加，两者密度和生物量秋季所占比例均高于春季，硅藻门所占比例稍有下降。由于浮游植物生物量的高低除与细胞数量有关外，还与细胞个体大小密切相关[51]，特别是个体较大的盘星藻等数量较多，所以2011年秋季浮游植物生物量反而高于春季。

3. 物种多样性指数

物种多样性是指一个群落中的物种数目和各物种的个体数目分配的均匀度，是衡量一定区域内生物资源丰富程度的一个客观指标，通常用于评价群落结构特征，描述群落演替趋势、速度和稳定程度，反映环境变化对其影响。根据多样性指数的大小可将其分为5级（表3.4）[52]。群落多样性指数越高，表明群落结构越复杂就越稳定，其对环境的反馈和适应功能也就越强[53,54]。大渡河河口各样点浮游植物多样性指数均大于2.5，绝大多数样点多样性指数评价等级为IV级和V级，说明其群落结构组成丰富，个体分布均匀，结构处于较完整、稳定的状态。

表3.4　多样性指数阈值分级评价标准

评价等级	阈值	多样性等级描述
I	<0.6	差
II	0.6～1.5	一般
III	1.6～2.5	较好
IV	2.6～3.5	丰富
V	>3.5	非常丰富

3.3 浮游动物群落结构特征

3.3.1 浮游动物种类组成

根据2010～2011年四次调查结果统计（表3.5），共采集到浮游动物120属295种，名录见附表2。其中原生动物种类最多，占总种数的56.27%；其次是轮虫，占总种数的31.19%；枝角类占6.44%；桡足类最少，占6.10%。

表 3.5 浮游动物种类组成 （单位：种）

种类	2010 年		2011 年		共计
	春	秋	春	秋	
原生动物	129	84	69	52	166
轮虫	74	37	43	31	92
枝角类	15	17	12	8	19
桡足类	10	11	10	7	18
合计	228	149	134	98	295

3.3.2 浮游动物优势种

根据 2010～2011 年四次调查结果显示，浮游动物优势种主要以原生动物为主，轮虫、枝角类和桡足类无明显优势种。2010 年春季原生动物优势种是巢居法帽虫、裸口虫、蚤状中缢虫、辐射射纤虫、肾形虫、绿急游虫、陀螺侠盗虫、旋回侠盗虫；2010 年秋季原生动物优势种是盘状表壳虫、暧昧砂壳虫、褐砂壳虫、片口匣壳虫、圆匣壳虫、粗匣壳虫、巢居法帽虫、月形刺胞虫、尾毛虫、斜口虫、月形半眉虫、龙骨漫游虫、肾形虫、咽拟斜管虫、钟虫、绿急游虫；2011 年春季原生动物优势种主要是褐砂壳虫、片口匣壳虫、裸口虫、前管虫、趣尾毛虫、斜口虫、斜吻虫、大球吸管虫、前口虫、王氏铃壳虫；2011 年秋季原生动物优势种是波纹半圆表壳虫、水藓旋匣壳虫、盘状匣壳虫、圆匣壳虫、美拟砂壳虫、柔薄壳虫、月形刺胞虫、尾毛虫、钝漫游虫、帽斜管虫、钟虫。

3.3.3 浮游动物现存量

1. 浮游动物密度

根据 2010～2011 年四次调查结果显示（表 3.6），浮游动物密度平均为 650.02 ind./L。其中：原生动物最高，占总密度的 93.54%；其次是轮虫，占总密度的 6.46%；枝角类、桡足类浮游动物密度最少，所占比例极少。

表 3.6 浮游动物密度 （单位：ind./L）

种类	2010 年		2011 年		共计
	春	秋	春	秋	
原生动物	1 613	270	424	123	608
轮虫	56	15	66	31	42
枝角类	0.04	0.17	0.08	0.03	0.012
桡足类	0.04	0.05	0.07	0.03	0.008
合计	1 669.08	285.22	490.15	154.06	650.02

2. 浮游动物生物量

根据2010～2011年四次调查结果统计（表3.7），浮游动物生物量平均为0.083 2 mg/L。其中：轮虫生物量最高，占总生物量的60.46%；其次是原生动物，占总生物量的36.54%；枝角类和桡足类生物量较少，分别占1.92%、1.08%。

表3.7 浮游动物生物量 （单位：mg/L）

种类	2010年		2011年		共计
	春	秋	春	秋	
原生动物	0.080 6	0.013 5	0.021 2	0.006 1	0.030 4
轮虫	0.067 2	0.017 4	0.078 8	0.037 7	0.050 3
枝角类	0.000 9	0.003 4	0.001 7	0.000 5	0.001 6
桡足类	0.000 8	0.000 9	0.001 4	0.000 5	0.000 9
合计	0.149 5	0.035 2	0.103 1	0.044 8	0.083 2

3.3.4 浮游动物多样性

2010～2011年四次调查结果显示，浮游动物香农-维纳多样性指数平均为1.663 2，且春季高于秋季。

2010年春季浮游动物香农-维纳多样性指数平均为2.591，范围为0.767 3～3.515 1。2010年秋季浮游动物香农-维纳多样性指数平均为1.553 2，范围为0.793 7～3.542 4。2011年春季浮游动物香农-维纳多样性指数平均为1.618 1，范围为0.125 7～3.513 1。2011年秋季浮游动物香农-维纳多样性指数平均为0.663 2，范围为0.002 3～2.739 2。

3.3.5 浮游动物现状

1. 种类组成和优势种

根据研究结果，大渡河河口主要的浮游动物为原生动物和轮虫，枝角类和桡足类较少。大渡河河口浮游动物种类组成中原生动物占56.27%、轮虫占31.19%，为典型的河流生态类群。春秋两季由于气候和水环境的变化，浮游动物种类数上存在一定差异，春季浮游动物种类数高于秋季。

在2010～2011年的四次调查中，春秋两季优势种有部分交叉，同时又有明显的演替。春季原生动物优势种纤毛虫属种类较多，秋季肉足虫类种类数较多。

2. 现存量

河流的形态具有多样性，造就水环境的多样性。河流的水环境不同，浮游动物的时空分布也会不同。大渡河河口段复杂而多样化的环境条件，决定了该河段浮游动物的现存量的水平分布的不均匀。

浮游动物现存量主要受温度、营养盐、水环境因子、水文情势、鱼类的摄食等因素的影响，常表现出季节变化特点。

大渡河河口春季浮游动物密度和生物量明显高于秋季，主要因为春季为枯水期，水流量较小，流速相对较缓，温度、pH 适宜，浮游动物生长所需的营养盐含量较高，导致其繁殖速度快。秋季大渡河河口水流量大、流速急、泥沙含量高，水体中所含的营养物被稀释，浮游动物生长繁殖受限，其生物量低。

3. 物种多样性指数

大渡河河口 2010 年春季浮游动物多样性指数较高，均在 III～V 等级，群落结构复杂，物种丰富；2011 年秋季浮游动物多样性指数很低，评价等级均在 I～II，群落结构较为单一，物种较为贫乏；2010 年秋季和 2011 年春季浮游动物多样性指数在 II～III，处于一般至较好的范围。

3.4 底栖动物群落结构特征

3.4.1 底栖动物种类组成

2010～2011 年四次调查结果显示（表 3.8），共采集到底栖动物 3 门 38 属 42 种，名录见附表 3。其中：环节动物种类最少，占 4.76%；软体动物种类居中，占 33.33%；节肢动物种类最多，占 61.91%。

表 3.8 底栖动物种类组成 （单位：种）

种类	2010 年		2011 年		共计
	春	秋	春	秋	
环节动物	0	1	1	1	2
软体动物	9	6	9	5	14
节肢动物	15	9	16	10	26
合计	24	16	26	16	42

3.4.2 底栖动物优势种

2010～2011 年四次调查结果显示，底栖动物优势种有节肢动物门的双翼二翅蜉、米虾以及软体动物门的折叠萝卜螺等。2010 年春季优势种有泉膀胱螺、小土蜗、双翼二翅蜉、摇蚊、米虾等；2010年秋季优势种有双翼二翅蜉、二尾蜉、米虾等；2011年春季优势种有折叠萝卜螺、耳萝卜螺、小土蜗、截口土蜗、双翼二翅蜉、前突摇蚊、米虾等；2011年秋季优势种有水丝蚓、折叠萝卜螺、中华小长臂虾等。

3.4.3 底栖动物现存量

1. 底栖动物密度

2010～2011年四次调查结果显示，底栖动物平均密度12.06 ind./m^2，环节动物、软体动物、节肢动物所占比重分别为9.70%、31.76%、58.54%，节肢动物在其中所占比重最大（表3.9）。

表3.9 底栖动物密度 （单位：ind./m^2）

种类	2010年		2011年		共计
	春	秋	春	秋	
环节动物	0	2.16	0.14	2.38	1.17
软体动物	4.89	6.74	2.09	1.62	3.83
节肢动物	10.47	5.63	10.27	1.85	7.06
合计	15.36	14.53	12.50	5.85	12.06

2. 底栖动物生物量

2010～2011年四次调查结果显示，底栖动物生物量平均4.57 g/m^2，环节动物、软体动物、节肢动物所占比重分别为9.63%、79.21%、11.16%（表3.10）。软体动物在其中占有最大比重，环节动物、节肢动物所占比重差异不显著。

表3.10 底栖动物生物量 （单位：g/m^2）

种类	2010年		2011年		共计
	春	秋	春	秋	
环节动物	0	1.57	0.12	0.06	0.44
软体动物	3.99	8.92	1.10	0.47	3.62
节肢动物	0.41	0.82	0.52	0.30	0.51
合计	4.40	11.31	1.74	0.83	4.57

3.4.4 底栖动物现状

1. 种类组成和优势种

底栖动物种类组成及分布与水体流速、水位、底质等因子关系密切，大渡河河口底栖动物种类组成以适应流水环境的蜉蝣目、虾科生物为主，萝卜螺属、小土蜗等软体动物也有部分检出；由于主河道水体流速较快，大渡河河口底栖动物主要生存区域为沿岸浅水缓流区，主河道底栖动物一般较为匮乏。从水平分布看，大渡河河口水域流速较快、部分水域较深、底质较为单一，以鹅卵石为主，底栖动物检出种类较少；青衣江、峨眉河水体流速较缓，相对较浅且底质更为多样化，其底栖动物分布，尤其是软体动物分布高于大渡河河口水域。就季节分布而言，大渡河河口水域秋季水体流速明显高于春季，底栖动物主要为有一定游泳能力的蜉蝣目、虾科生物等，种类分布少于春季。

在 2010～2011 年四次调查中，春秋两季底栖动物优势种替换过程较为明显，但也有部分种类因适应能力较强而得以保持，节肢动物中的蜉蝣目、虾科生物以及萝卜螺属软体动物为大渡河河口段贯穿全年的底栖动物优势种。

2. 现存量

大渡河河口底栖动物现存量中，密度组成以节肢动物为主，生物量组成中软体动物占有绝对比重，与种类分布一致，底栖动物现存量主要受流速及底质等环境因子影响。大渡河河口水域秋季水量较春季大，流速快，除少数游泳能力较强以及附着能力较强的种类外，底栖动物生存环境难以得到满足，底栖动物现存量相对较低；大渡河河口水域底栖动物数量分布整体较低，且软体动物数量明显少于青衣江、峨眉河，致使大渡河河口底栖动物现存量全年大部分时段显著低于青衣江、峨眉河。

第4章

大渡河河口鱼类资源现状

4.1 调查方法

4.1.1 调查范围

大渡河河口段鱼类样品采集自大渡河河口乐山市沙湾区至大渡河汇口长约30 km河段。

4.1.2 样品采集

鱼类资源和早期资源样品的调查采集统计方法，以及鱼类产卵场规模、位置的推算方法主要参考《内陆水域渔业自然资源调查手册》[43]《水库渔业资源调查规范》[55]等文献资料。

1. 鱼类样品采集

鱼类样品的采集主要采取雇请当地渔民捕捞和购买商业渔获物的方式获得，渔具包括流刺网、定置刺网、地笼、拉网、电鱼机、钩钓等。同时通过对当地渔民的走访问询以及对图片的辨识等方式作为鱼类资源信息收集的补充手段。

采集到的鱼类样品尽量现场鉴定，进行生物学基础数据测定，并取鳞片等作为鉴定年龄的材料。必要时检查性别，取性腺鉴别成熟度。部分鱼类样品用 5%的福尔马林溶液固定保存，现场解剖获取的食性样品用福尔马林溶液固定，性腺样品用波恩氏液固定。

2. 产漂流性卵鱼类卵苗样品采集

通过对繁殖期产漂流性卵鱼类卵苗样品的采集，可以了解河口鱼类的繁殖习性及产漂流性卵鱼类产卵场的分布情况。

在大渡河河口的青衣江汇口处设置一个固定监测断面进行连续的鱼类卵苗采集监测。2009 年连续监测时间为 2009 年 5 月 19 日至 2009 年 7 月 20 日，监测时长 712.2 h，同时分别在青衣江汇口、青衣江、水口镇渡口、周桥坝、周陆坝主河道、扬子坝主河道、冯坝主河道、彩虹桥下游、漩沱子渡口、黄荆坝、张坝、王坝主河道等 12 个断面进行流动监测。2010 年连续监测时间为 4 月 3 日至 5 月 31 日，监测时长 114.2 h，同时分别在青衣江、扬子坝主河道、黄荆坝等 3 个断面进行流动监测。

在固定监测断面的河流表层设置小型弶网采集鱼类卵苗，网口呈半圆形，网口半径 0.5 m，网口面积 0.392 7 m^2。同时进行采集时间、水温、网口的流速、透明度的监测和记录。流速使用旋桨式流速仪测定，透明度用直径 20 cm 的萨氏透明度盘测定。

采集到的鱼苗用 5%的福尔马林溶液保存，以备日后室内鉴定种类和统计数量。鱼卵采集后，立即作详细记录，并按不同的发育期分别培养，直至能鉴别种类。

4.1.3 数据统计与分析

1. 鱼类资源现状统计方法

鱼类资源量的调查采取社会捕捞渔获物统计分析结合现场调查取样进行。采用访问调查和统计表调查方法，调查资源量和渔获量。向沿江各市县渔业主管部门和渔政管理部门及渔民调查了解渔业资源现状。对渔获物资料进行整理分析，得出各工作站点主要捕捞对象及其在渔获物中所占比重，不同捕捞渔具渔获物的长度和重量组成，以判断鱼类资源状况。

2. 鱼类产卵场位置及规模估算方法

根据鱼卵发育期发育时间推算产卵场位置，并乘船勘察确认，依据所采各发育期卵数以补插法计算未监测期的过卵量，并根据断面流量推算出大渡河河口产漂流性卵鱼类产卵径流量。

1）产卵场位置的估算

产卵场的位置依据采集鱼卵苗发育期和当时水流速度进行推算，公式为

$$S = V_1 \cdot T$$

式中：S 为鱼卵的漂流距离；V_1 为江水平均流速；T 为当时水温条件下的胚胎发育经历的时间。

2）产卵径流量

以各产卵场为计算单元，并按不同鱼类分别进行统计。计算公式为

$$M = m \cdot Q / 0.392\,7 \cdot V_2$$

式中：M 为采集断面在采集时间内所流过的某产卵场鱼卵数；m 为从采集点采到的某产卵场的鱼卵数量；Q 为采集点断面流量；V_2 为采集点的网口流速。

非采集时间，采用补插法求出。

4.2 鱼类资源种类组成

大渡河下游（沙湾水电站）河段有鱼类 107 种和亚种。本次调查在大渡河河口沙湾—乐山段干支流水域共采集和走访到鱼类 67 种，分别隶属于 4 目 13 科 55 属（表 4.1，附表 4）。

表 4.1 大渡河河口段调查到的鱼类构成

目	科	属	种	占比/%	特有种类		
					属	种	占比/%
鲤形目	胭脂鱼科	1	1	1.49			
	鳅科	6	7	10.45	3	3	21.43
	鲤科	30	37	55.22	7	7	50.00
	平鳍鳅科	4	4	5.97	3	3	21.43
鲇形目	鲇科	1	2	2.99			
	鲿科	4	6	8.96			
	钝头鮠科	1	1	1.49			
	鮡科	2	3	4.48	1	1	7.14
	鮰科	1	1	1.49			
合鳃鱼目	合鳃鱼科	1	1	1.49			
鲈形目	鮨科	2	2	2.99			
	虾虎鱼科	1	1	1.49			
	鳢科	1	1	1.49			
总计		55	67	100.00	14	14	100.00

鲤形目鱼类是大渡河河口段的主要构成类群，共有 41 属 49 种，占鱼类种数的 73.13%；鲇形目次之，共有 9 属 13 种，占 19.41%。在组成该河段鱼类的 13 个科中，以鲤科鱼类种类最多，计有 37 种，占鱼类种数的 55.22%；鳅科 7 种，约占 10.45%，鲿科 6 种，约占 8.96%；平鳍鳅科 4 种，约占 5.97%。

共调查到 14 种长江上游特有鱼类，鲤科 7 属 7 种，鳅科 3 属 3 种，平鳍鳅科 3 属 3 种，鮡科 1 属 1 种。

4.3 鱼类资源区系特点

大渡河河口段位于大渡河下游及其与青衣江、岷江汇口，河谷开阔，多岔道、漫滩、砾洲，也有少量深潭，水流缓急交错，鱼类区系特点如下。

（1）该河段存在国家 2 级保护鱼类胭脂鱼，但在本次调查中的各次渔获物中未见，渔民反映在 2000 年后便再未捕获。

（2）在鱼类的种类组成中，区系成分以江河平原鱼类为主，其中鲤科的鉤亚科和鲌亚科以及鲿科等东亚类群占较大比例。但是，也存在上述类群中分化出的适应于上游环境条件的特有种类，如长鳍吻鉤等。

（3）也有适应急流生活的东洋区类群的部分鱼类，如鳅科、平鳍鳅科、鮡科和钝头鮠科的种类，其中平鳍鳅科的种类多为长江上游特有种。

（4）青藏高原鱼类区系的主要类群裂腹鱼类在该河段已不存在，仅有高原鳅属一种。

（5）由于乐山峨眉山地区旅游业发达，游客常购买相当数量养殖鱼类放生，造成外来种长吻鮠在大渡河河口乐山段广泛分布。

4.4 鱼类资源生态类群

按鱼类主要生活环境和生活水层的不同，该水域鱼类按生态类群可划分为以下6种类群。

1. 流水中下层类群

流水中下层类群是大渡河河口段中分布种类最多的类群，主要生活在江河水体中下层，其中部分种类适应性较强，在流水、缓流水及静水都能生存自如。有鲤科的唇䱻、花䱻、黑鳍鳈、宜昌鳅鮀、异鳔鳅鮀、泉水鱼、鲤、鲫，鲇科的鲇、大口鲇，鲿科的黄颡鱼、瓦氏黄颡鱼、粗唇鮠、切尾拟鲿、细体拟鲿、大鳍鳠，钝头鮠科的白缘䱀，鮨科的鳜、长身鳜及外来种类鮰科的长吻鮠，共20种，占该水域鱼类种数的31.3%。

2. 流水底层类群

流水底层类群适应流水水底生活，一般不进入静水和缓流水水域活动。此类群有胭脂鱼科的胭脂鱼，鳅科的红尾副鳅、短体副鳅、戴氏山鳅、贝氏高原鳅、中华沙鳅、长薄鳅，鲤科的吻鮈、长鳍吻鮈、蛇鮈、中华倒刺鲃、白甲鱼、四川白甲鱼、银鮰、黄尾鮰、圆吻鮰，共16种，占该水域鱼类种数的25.0%。

3. 流水中上层类群

流水中上层类群多生活于江河水体的中上层，也可生存于塘、库、湖泊环境和缓流水环境。这一类群在该河段分布有宽鳍鱲、马口鱼、鲢、草鱼、赤眼鳟、四川华鳊、红鳍原鲌、翘嘴鲌、蒙古鲌，共9种，占该水域鱼类种数的14.1%。

4. 静水、缓流水类群

静水、缓流水类群主要生活在坑、凼、小溪等静、缓流水中，有中华细鲫、中华鳑鲏、高体鳑鲏、峨眉鱊、麦穗鱼、短须颌须鮈、裸腹片唇鮈、银鮈、棒花鱼、子陵吻虾虎鱼共10种，占该河段调查鱼类种数的15.6%。

5. 流水吸着类群

流水吸着类群具备特异性生理结构，适应急流水底生活，其头胸部宽扁，胸、腹鳍向两侧平展，胸腹面具纹状或羽状吸着器，能紧紧地吸附在急流水底岩砾上生活。这一类群有平鳍鳅科的犁头鳅、短身金沙鳅、西昌华吸鳅、峨眉后平鳅，鲱科的福建纹胸鲱、中华纹胸鲱、青石爬鲱，共 7 种，占该河段调查鱼类种数的 11.0%。

6. 洞穴类群

洞穴类群主要在营静水、缓流水堤岸的洞穴中生活，仅黄鳝、泥鳅 2 种，占该河段调查鱼类种数的 3.0%。

4.5 鱼类重要生境

大渡河河口段水面宽阔，滩沱相间，水流缓急交替，流态复杂，河床底质以砾石、卵石、泥沙质为主。河中心多沙洲，沙洲上多有民居及田地，两岸多沙滩和碛坝，饵料生物丰富，是喜流水、急流、缓流生活鱼类的生活和繁殖场所。

4.5.1 产漂流性卵鱼类产卵场

1. 2009 年鱼类早期资源调查

2009 年 5 月 19 日～7 月 20 日，在大渡河河口段青衣江汇口进行了第一次鱼类早期资源的定点监测，采集时长累计 44060 min，共获得漂流性卵 291 粒，幼鱼 109 尾（表 4.2）。

表 4.2　2009 年鱼类早期资源监测结果

采集地点	采集日期/（月-日）	网口流速/（m/s）	平均网口流速/（m/s）	持续时间/min	水温/℃	平均水温/℃	卵数/ind.	幼鱼数/ind.
青衣江汇口	5.19～7.20	1.4～1.7	1.5	38 110	18.7～20.5	19.8	273	96
青衣江	6.1	1.0	1.0	650	20.7	20.7	0	0
水口镇渡口	6.2	1.1	1.1	680	20.0	20.0	2	2
周桥坝	6.4	0.7	0.7	580	19.9	19.9	1	1
周陆坝主河道	6.5	0.5	0.5	650	19.7	19.7	4	2
扬子坝主河道	6.6	0.8	0.8	540	19.8	19.8	3	1
冯坝主河道	6.7	0.86	0.86	580	20.0	20.0	2	2
彩虹桥下游	6.8	0.84	0.84	580	19.5	19.5	2	2
漩沱子渡口	6.9	0.4	0.4	360	19.4	19.4	1	0
黄荆坝	6.10	0.68	0.68	480	20.0	20.0	1	1
张坝	6.11	0.75	0.75	450	19.5	19.5	1	1
王坝主河道	6.12	0.65	0.65	400	19.4	19.4	1	1
总计				44 060			291	109

对采集到的291粒漂流性鱼卵进行培养，其中蛇𬶋卵141粒、银𬶋卵61粒、宜昌鳅鮀卵38粒、䱗卵22粒，犁头鳅卵23粒、长鳍吻𬶋卵6粒。

经推算2009年该河段产漂流性卵鱼类产卵场有大岩腔、丰都庙、安谷坝址、扬子坝、水口镇渡口、青衣江汇口产卵场，繁殖量292.35万粒。其中蛇𬶋卵141.74万粒、银𬶋卵61.85万粒、宜昌鳅鮀卵37.96万粒、䱗卵21.90万粒，犁头鳅卵23.10万粒、长鳍吻𬶋卵5.80万粒（表4.3）。

表4.3 大渡河河口产漂流性卵鱼类产卵场规模与成色（2009年） （单位：万粒）

种类	产卵场						合计
	大岩腔	丰都庙	安谷坝址	扬子坝	水口镇渡口	青衣江汇口	
蛇𬶋卵	12.78	8.45	36.56	32.45	22.54	28.96	141.74
银𬶋卵	7.98	5.65	14.74	12.04	9.47	11.97	61.85
宜昌鳅鮀卵	7.76	1.05	9.74	8.34	5.47	5.60	37.96
䱗卵	0	0.25	2.45	3.00	6.28	9.92	21.90
犁头鳅卵	3.55	0.25	6.45	4.65	3.28	4.92	23.10
长鳍吻𬶋卵	0.51	0	1.45	1.65	1.28	0.91	5.80
合计	32.58	15.65	71.39	62.13	48.32	62.28	292.35

根据鱼类早期资源监测结果显示，大渡河河口段不同研究区域，即主河道与左侧河道2009年春夏季产卵规模见表4.4。

表4.4 大渡河河口段不同河道产漂流性卵鱼类产卵规模（2009年） （单位：万粒）

种类	河道		合计
	主河道	左侧河道	
蛇𬶋卵	54.60	45.40	100.00
银𬶋卵	22.32	19.58	41.90
宜昌鳅鮀卵	14.12	10.48	24.60
䱗卵	7.47	4.51	11.98
犁头鳅卵	9.07	5.56	14.63
长鳍吻𬶋卵	2.40	1.98	4.38
合计	109.98	87.51	197.49

由此可见，所调查水域产漂流性卵的鱼类为蛇𬶋、银𬶋、宜昌鳅鮀、犁头鳅、长鳍吻𬶋等小型鱼类，没有调查到长薄鳅、中华倒刺鲃、鲢、草鱼、赤眼鳟等鱼类产卵场。

2. 2010 年鱼类早期资源调查

2010 年 4 月 3 日～5 月 31 日，在大渡河河口段青衣江汇口进行了第二次鱼类早期资源的定点监测，采集时长累计 6 848 min，共获得漂流性卵 85 粒，幼鱼 54 尾。

对采集到的 85 粒漂流性鱼卵进行培养，其中蛇鮈卵 31 粒、银鮈卵 22 粒、宜昌鳅鮀卵 7 粒、餐卵 25 粒。

经推算 2010 年该河段产漂流性卵鱼类产卵场有安谷坝址、扬子坝、青衣江汇口 3 个产卵场，繁殖量 112.42 万粒。其中蛇鮈卵 38.47 万粒、银鮈卵 28.63 万粒、宜昌鳅鮀卵 10.34 万粒、餐卵 34.98 万粒（表 4.5）。

表 4.5　大渡河河口段产漂流性卵鱼类产卵规模（2010 年）　（单位：万粒）

种类	产卵场			合计
	安谷坝址	扬子坝	青衣江汇口	
蛇鮈卵	15.45	12.67	10.35	38.47
银鮈卵	8.68	11.35	8.60	28.63
宜昌鳅鮀卵	3.74	2.95	3.65	10.34
餐卵	13.67	9.97	11.34	34.98
合计	41.54	36.94	33.94	112.42

2010 年调查到的 3 个产漂流性卵鱼类的产卵场，与 2009 年调查的 6 个产卵场中的 3 个相吻合，且产卵种类与 2009 年监测的结果也相符。综合两次调查结果，大渡河河口段共集中分布有 6 个产漂流性卵鱼类的产卵场，即大岩腔、丰都庙、安谷坝址、扬子坝、水口镇渡口、青衣江汇口产卵场，各产漂流性卵鱼类产卵场位置分布如图 4.1 所示。

4.5.2　产黏沉性卵鱼类产卵场

大渡河河口段以产黏沉性卵的鱼类居多，如宽鳍鱲、红鳍鲌、翘嘴鲌、蒙古鲌、唇䱻、花䱻、麦穗鱼、白甲鱼、四川白甲鱼、泉水鱼、鲤、鲫、银鲴、鲇、大口鲇、黄颡鱼、瓦氏黄颡鱼、粗唇鮠、切尾拟鲿、细体拟鲿、大鳍鳠、福建纹胸鮡、中华纹胸鮡等。产黏沉性卵鱼类喜欢选择水浅流急的砾石滩产卵，受精卵或黏附在砾石、卵石及水草上发育，或落入砾石缝中，在流水的冲击滚动中孵化。产卵时一般需要一定的涨水刺激，对产卵环境要求不是很严格，产卵场较为分散。调查水域以上鱼类的产卵场多位于滩潭交替的河流水域，适宜繁殖的场所零散分布在该河段。

在鱼类繁殖季节，通过对捕获鱼类现场解剖，观察其性腺发育情况，再结合河势河态地形地貌分析，大渡河河口段较为集中的产黏沉性卵鱼类产卵场为青衣江汇口、临江河汇口、安谷坝址、扬子坝左河道、漩沱子产卵场。产黏沉性卵鱼类主要产卵场分布见图 4.2。

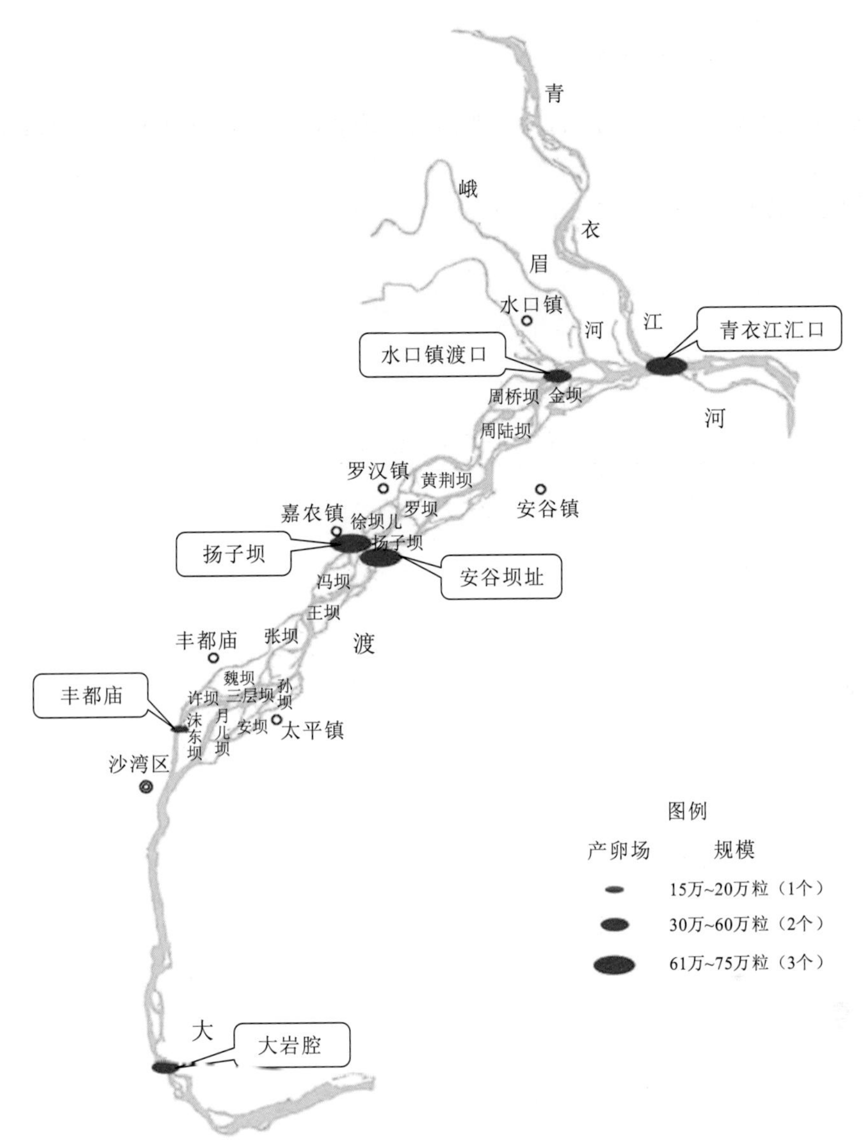

图 4.1　2009～2010 年大渡河河口产漂流性卵鱼类产卵场分布图

青衣江汇口产卵场：该水域长约 1.5 km，宽约 700 m，河面开阔，河床深浅交错，右河道为深潭，左河道多为砾石河滩，河滩丛生湿生植物。水流湍急、平急，主河槽流速 1.5～3.1 m/s、河滩流速 0.8～2.1 m/s。底质为卵石、砾石，5～7 月水温 19.5～20.1 ℃。主要产卵种类为唇䱻、花䱻、麦穗鱼、鲤、鲫、鲇、宽鳍鱲、大口鲇、黄颡鱼、瓦氏黄颡鱼及鲶科、鳅科鱼类。

临江河汇口产卵场：该水域长约 2.0 km，宽约 1.3 km，河面开阔，河道呈网状，水流缓急交错，临江河汇口处水流相对平缓，河床底质为卵石、砾石、泥沙，5～7 月流速 0.5～2.8 m/s，水温 19.7～22.5 ℃。主要产卵种类为鲤、鲫、鲇、大口鲇、黄颡鱼、瓦氏黄颡鱼、唇䱻、花䱻、麦穗鱼等。

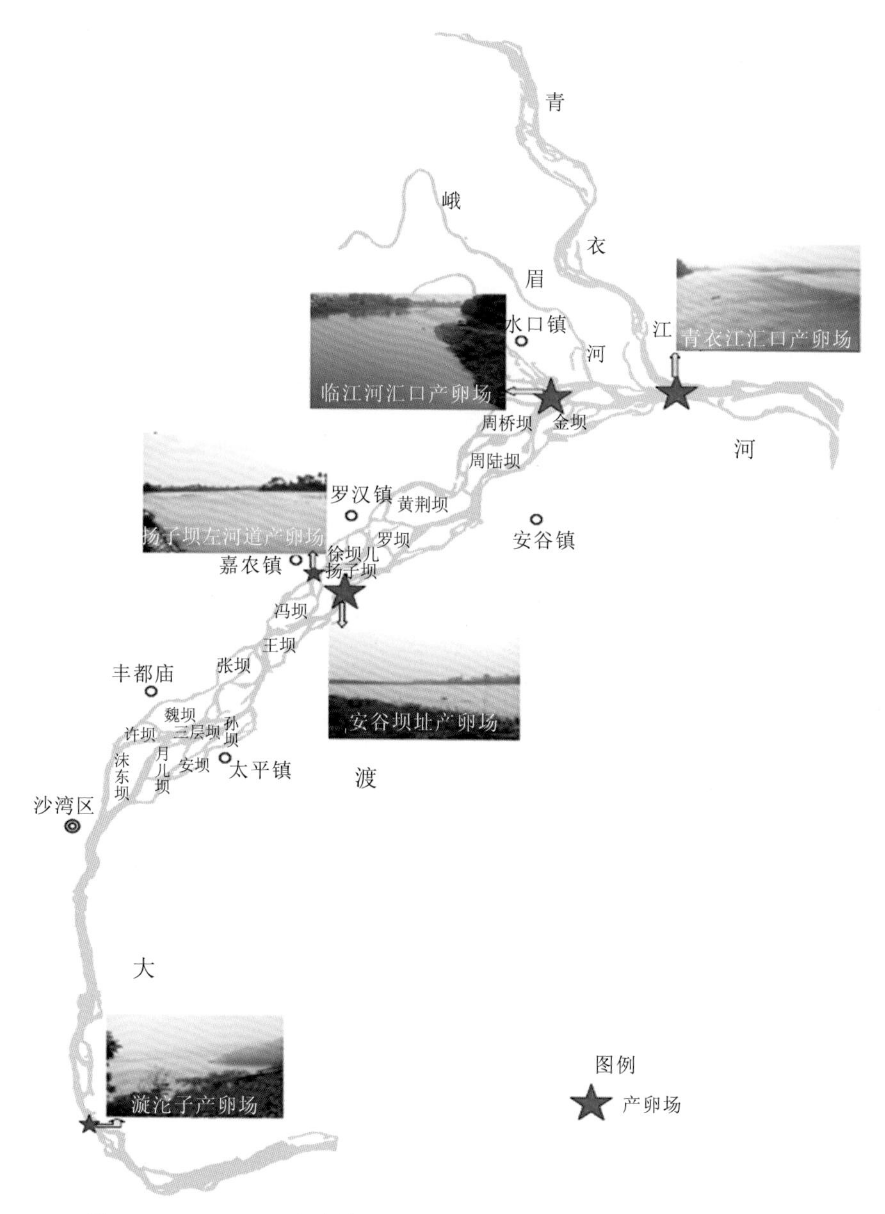

图 4.2　2009～2010 年大渡河河口产黏沉性卵鱼类主要产卵场分布图

安谷坝址产卵场：该水域长约 2.0 km，宽 180～230 m，为大渡河主河道。河床右侧为深潭，左侧为砾石河滩，河滩湿生植物丛生。底质为卵石、砾石、泥沙，下段河道中间有一小沙洲。5～7 月流速 0.5～2.5 m/s，水温 19.8～20.5 ℃。主要产卵种类为鲶科、鲱科、鲤、鲫、鲇、大口鲇、黄颡鱼、瓦氏黄颡鱼等。

扬子坝左河道产卵场：该水域长约 1.8 km，宽 200～300 m，上游由 3 河道汇合而成，下游又被分为 3 河道，底质为卵石、砾石、泥沙。水流湍急，5～7 月流速 1.5～2.5 m/s，水温 19.0～20.0 ℃。主要产卵种类为唇䱻、花䱻、麦穗鱼、鲶科、鲱科、鲤、鲫、鲇、大口鲇、黄颡鱼、瓦氏黄颡鱼等。

漩沱子产卵场：位于沙湾区上游的漩沱子渡口附近，该水域长约 1.8 km，宽 500～700 m。大渡河在此为单一河道，底质主要为卵石，河床卵石河滩发育良好，水流平急，5～7 月流速 1.2～2.0 m/s，水温 19.0～19.5 ℃。主要产卵种类为唇䱻、花䱻、泉水鱼、鲇、大口鲇、黄颡鱼、瓦氏黄颡鱼及鮡科、鳅科鱼类。

为验证这些产卵场，在产卵场区域进行了鱼类资源的专门调查，并对采集的部分鱼类进行了解剖（图 4.3）。其中福建纹胸鮡、黄颡鱼、切尾拟鲿、异鳔鳅鮀等鱼类处于繁殖期。

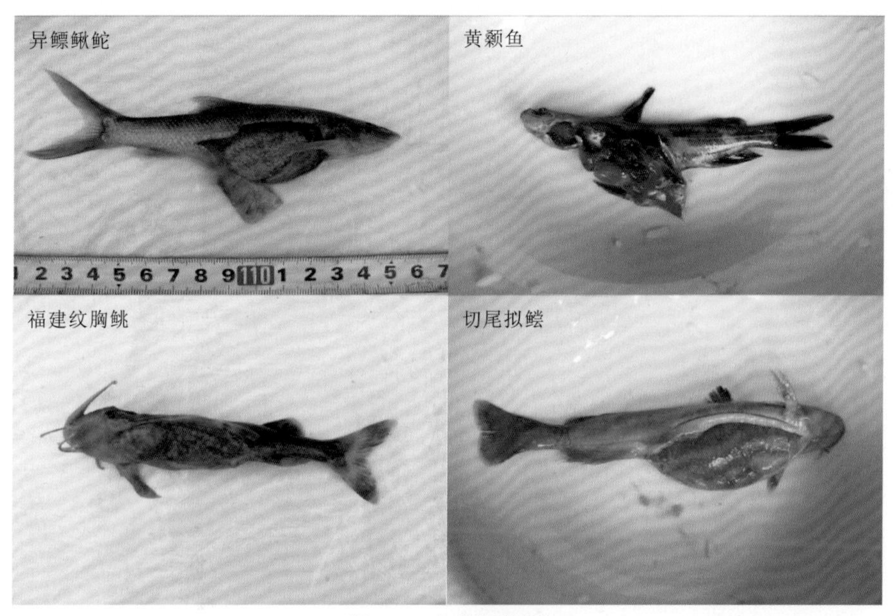

图 4.3　鱼类解剖图

4.5.3　越冬场

每年秋冬季节，随着气温、水温下降，鱼类活动减少。产卵场水位下降，鱼类活动区域逐步压缩，鱼类进入饵料资源相对丰富，且温度及水深较为稳定的深水潭中越冬。鱼类越冬场一般为急流险滩下水流冲刷形成的深潭，水深 5 m 以上，水流较为平缓，深潭河床多为岩基、礁石和砾石，着生藻类、水生昆虫较为丰富。规模较大的越冬场往往和产卵场相邻。大渡河河口段符合以上条件较大的越冬场不多，根据走访、调查和分析，该河段较大的越冬场有彩虹桥、大岩腔渡口、南广庙、扬子坝桥、铜河边等。越冬的鱼类有长鳍吻鮈、泉水鱼、异鳔鳅鮀、宜昌鳅鮀、唇䱻、蛇鮈、长薄鳅、大鳍鳠、短身金沙鳅等二十余种。其余小越冬场散布于沙湾区到青衣江口的河网水域。此外，该河段相当部分鱼类会退缩到岷江干流越冬。

4.5.4 索饵场

大渡河河口段每年 3 月后，水温逐渐回升，鱼类从越冬深水区进入到河流浅水区的礁石或砾石滩索饵。大渡河河口段鱼类多以着生藻类、有机碎屑、底栖无脊椎动物等为主要食物，浅水区光照条件好，礁石或砾石滩适宜着生藻类生长，底栖无脊椎动物资源也较为丰富，往往成为鱼类重要的索饵场所。

大渡河喜急流性鱼类如长鳍吻鮈、泉水鱼、长薄鳅等，在流水环境中产卵，下游的大渡河、青衣江和岷江汇合处是这些鱼类重要的索饵场所。缓流水或静水性鱼类如鲇形目鲇科的鲇，鲿科的黄颡鱼、瓦氏黄颡鱼、切尾拟鲿、细体拟鲿、粗唇鮠，鲤科的鲤、鲫等，在潭滩间水流平缓的顺直深潭河段、河湾洄水区、开阔平缓河段索饵，这一类鱼类索饵场在该河段的沙湾坝址至沙湾区水域的王坝、扬子坝、周桥坝、峨眉河及其汇口、青衣江汇口。

第5章

大渡河河口生态问题

5.1 大渡河河口生态功能特征

河流功能包括防洪排涝、工农业生活及环境供水、补给地下水、航运、发电、发展渔业水产、提供生境、净化环境、调节气候、提供良好旅游景观等，它们相互联系构成综合系统的河流整体功能。根据河流的功能属性，主要可以分为生态功能和社会服务功能。本书研究内容以大渡河河口段的生态功能为主，主要包括通道功能、栖息地功能、屏蔽过滤功能、源汇功能等。

1. 通道功能

通道功能是指河道系统可以作为能量、物质和生物流动的通路。大渡河下游河道由水体流动形成，为收集和转运河水和沉积物服务，还有很多生物群落特别是水生生物通过该通道进行迁徙、交流、繁殖等生命活动。

据调查及资料记载，大渡河、岷江及支流青衣江鱼类种类统计结果见表 5.1。通过比较大渡河、岷江、大渡河支流青衣江下游鱼类种类可以看出，大渡河下游汇集了大渡河中上游及支流青衣江下游的鱼类种类，大渡河下游鱼类种类特别丰富，同时，大渡河汇入岷江后，岷江下游鱼类种类数也较岷江中游明显增加，可见大渡河下游的鱼类在岷江下游也有交流和沟通。因此，大渡河下游是沟通大渡河中上游、岷江中下游和支流青衣江鱼类迁移、交流的重要通道。

表 5.1 大渡河、岷江及支流青衣江鱼类种类统计

	大渡河			岷江		青衣江
	上游	中游	下游	中游 眉山—乐山	下游 乐山—宜宾	下游
种类数	20	97	107	36	133	72

河道的连通性会在一定程度上影响水生生物栖息地的功能，在河道范围内连通性的提高通常会提升该河道作为栖息地的价值。

河流通道在满足动物迁徙交流的同时，承载着营养输移和信号传递的作用。营养物质通过河流通道源源不断地被输送到河流的各个角落，保证了生物生命的延续。而自然河流水文周期明显的丰枯变化，向生物传递着各种生命信号，鱼类和其他生物依次避难、繁殖、产卵和迁徙，完成其生命过程。

2. 栖息地功能

栖息地为生物和生物群落提供生命所必需的要素，如空间、食物、水源以及庇护场所等。

本章研究区域位于大渡河下游铜街子至青衣江汇口河段，河谷开阔，水流与大渡河中上游相比相对平缓。大渡河下游河段与青衣江、岷江交汇，汊濠纵横，多汊道、漫滩、砾洲，也有少量深潭，水流缓急交错，底质多为卵石、砾石。复杂多样的水域和沿岸带生境层次孕育了水生生物的多样性。

大渡河下游鱼类种类共107种，其中包括长江上游特有鱼类33种。其鱼类以江河平原鱼类为主，也存在适应急流生活的东洋区类群的鱼类。通过比较大渡河、岷江中下游、支流青衣江下游的鱼类种类可以看出（表5.1），大渡河下游鱼类种类相较于大渡河中上游、岷江中游更为丰富。从大渡河下游重要生境调查的结果分析，大渡河下游河段是大渡河鱼类的主要分布区。沙湾至乐山的河网区，分布有蛇鮈、银鮈、宜昌鳅鮀、犁头鳅、长鳍吻鮈等小型鱼类的产卵场，同时也有产黏沉性卵鱼类的产卵场。因此，该河段具有满足大渡河下游多数鱼类完成繁殖、越冬和索饵等重要生命活动过程的生态环境条件，是鱼类重要的栖息场所。

3. 屏蔽过滤功能

河道屏蔽过滤功能是阻止能量、物质和生物运动的发生，同时也起到过滤器的作用，允许能量、物质和生物选择性地通过。

大渡河下游河道作为过滤器和屏障，可以过滤和沉积水污染物质，减少水污染，最大限度地减少沉积物转移，为植物群落以及运动范围有限的水生生物提供自然边界。

4. 源汇功能

“源”功能是指河流为其周围流域提供了生物、能量和物质，“汇”功能是指河流不断地从周围流域中吸收生物、能量和物质。

大渡河下游河道的河岸作为“源”，向河流供给泥沙沉积物，当洪水在河岸处沉积新的泥沙沉积物时，河岸又起到“汇”的作用。在整个流域规模范围内，大渡河下游河道是流域中其他各种斑块栖息地的连接通道，在整个流域内起到了提供原始物质和通道的作用。

5.2 水利水电工程开发概况

5.2.1 流域水电开发规划概况

大渡河是长江上游岷江水系最大支流，汉代称为沫水，后世又称阳江、阳山江、大渡水、铜河。其发源于四川、青海交界的雪山草地。上源分为西源和东源两支：西源绰斯甲河，发源于青海省果洛山东南麓；东源足木足河，发源于青海省阿尼玛卿山。

两源汇合后始称大金川，南流至丹巴县，左纳来自小金县的小金川，后始称大渡河。大渡河继续向南流，左纳金汤河，右纳瓦斯沟，过泸定县后，右纳田湾沟、松林河，折而东流，至石棉县，右纳南桠河，至汉源县，左纳流沙河，至甘洛县尼日，右纳牛日河，再东流过金口河、峨边县，至乐山市铜街子折而向北，过福禄镇有较大弯折，于乐山市草鞋渡左纳青衣江，然后东流至乐山市市中区的肖公嘴与岷江相汇。习惯上称泸定以上为上游，泸定至铜街子为中游，铜街子以下为下游。大渡河干流河道略呈“L”形，全长 1 062 km，流域面积 77 400 km^2。大渡河流域水能资源利用的前期规划工作开展较早，分别对大渡河干流铜街子以上河段和以下河段进行规划。

1. 大渡河铜街子以上干流水电规划

大渡河水系水电开发前期规划工作做得较多，干流铜街子以上经历多次规划，最终确定大渡河干流水电梯级开发规划方案，干流梯级电站自上而下依次为：下尔呷水电站、巴拉水电站、达维水电站、卜寺沟水电站、双江口水电站、金川水电站、安宁水电站、巴底水电站、丹巴水电站、猴子岩水电站、长河坝水电站、黄金坪水电站、泸定水电站、硬梁包水电站（引水式）、大岗山水电站、龙头石水电站、老鹰岩水电站（一级、二级、三级）、瀑布沟水电站、深溪沟水电站、枕头坝水电站（一级、二级）、沙坪水电站（一级、二级）、龚嘴水电站（低）、铜街子水电站。形成以下尔呷水库为干流“龙头”水库，以双江口水库为上游控制性水库，以瀑布沟水库为中游控制水库，并结合电力市场需求的大渡河干流近期开发目标。规划干流总装机容量 2.34×10^7 kW，年发电量 1.1236×10^{11} kW·h。

2. 大渡河铜街子以下干流规划

大渡河下游铜街子至青衣江汇口河段，河谷开阔，比降较缓，沿河两岸城镇、农田较多，人口稠密，建高坝淹没损失较大，如前所述，大渡河干流水电开发规划没有包括铜街子下游河段，在该河段仅进行过踏勘选点。后根据河段的河谷形态、城镇、人口及耕地的分布情况，对大渡河干流铜街子至青衣江汇口河段进行了水电开发的调查研究，最终确定大渡河干流（铜街子—青衣江汇口段）沙湾、安谷水电站两级开发方案。沙湾、安谷水电站均使用混合式开发方案（表 5.2）。

表 5.2 大渡河铜街子以下干流水电规划梯级开发方案各梯级主要技术经济指标表

项目	单位	梯级名称	
		沙湾	安谷
坝（闸）址控制流域面积	km^2	76 479	76 717
正常蓄水位	m	432	398
正常蓄水位以下库容	亿 m^3	4 554	6 330
利用落差	m	27	36
装机容量	万 kW	48	64

续表

项目		单位	梯级名称	
			沙湾	安谷
年发电量	情况 1	亿 kW·h	240 706	316 340
	情况 2	亿 kW·h	252 439	324 828
年利用小时数	情况 1	h	5 015	4 943
	情况 2	h	5 259	5 075
开发方式			混合式	混合式
最大坝高或坝、闸壅水高		m	21.3	30.7
静态总投资		亿元	27.8	79.9

5.2.2 安谷水电站工程概况

1. 工程概况

安谷水电站工程是大渡河干流梯级开发的最后一级，坝址位于四川省乐山市市中区安谷镇泊滩村。枢纽距上游正在建设的沙湾水电站约 35 km，下游距乐山市区 15 km。该电站工程开发任务为发电、防洪、航运、灌溉和供水等。水电站采用混合式开发方式，水库正常蓄水位 398 m，总库容约 6.33×10^7 m^3，电站装机容量 772 MW，设计引用流量 2 576 m^3/s，年均发电量 3.199×10^9 kW·h。有省道 S103 从枢纽区左岸通过，对外交通较方便。

2. 工程布置

安谷水电站工程从左至右依次布置非溢流面板坝、左储门槽坝段、泄洪冲砂闸、主厂房、船闸、右岸接头坝等拦河枢纽建筑物，坝线全长 673. 50 m，坝顶高程 400. 70 m。主坝上游左岸布置混凝土面板堆石坝副坝、右岸设置太平镇防护副坝以及下游设置长泄洪渠、长尾水渠等。

为保护左岸 I 级阶地上的罗汉、嘉农两镇的大片建筑和耕地，在大渡河左岸原河床上修建挡水副坝。左岸挡水副坝为砼面板坝，轴线长 10 440 m，堤距（副坝与右岸岸坡之间的距离）500 m 以上。其中，为解决坝后阶地的生产生活、环境用水及解决排涝等问题，在库尾副坝末端，设置放水闸从库内取水，并利用原左岸的分濠宣泄内涝洪水。

右岸太平镇防护副坝仍为砼面板坝，轴线全长 4 895.95 m，保护库尾右岸草坝及太平镇，同时，采用隧洞引排的方式解决太平镇的排涝问题，即在太平镇下游黑岩引水至穿山排涝隧洞，经大树子，最后注入柏溪河。

尾水渠全长约 9 500 m，尾水渠线路根据河床地形地质条件，以尽量少占用河道行洪断面，工程量较少且尽量顺直以满足通航要求为原则，确定沿右岸岸边走向为其主要线路，尾水渠出口拟在鹰咀岩上游约 700 m 河段，距青衣江汇口上游约 800 m。

为保证滩地二十年一遇的防洪标准，沿泄洪渠左岸修建防洪堤，堤距约 350 m（右岸为尾水渠左堤），防洪堤轴线长 8 907 m。堤身采用砂卵石填筑，两侧坡比均为 1∶1.5。

3. 导流方式

安谷水电站工程根据工程地形、水文条件、副坝及下游尾水渠施工利用左岸河汊进行导流，枯期施工。枢纽区利用疏浚明渠导流，全年施工。

由于左侧河道天然状况下的宽度较窄，最窄处约为 75 m，其天然状况下的过流能力有限。为保证其能满足尾水渠施工期的导流需要，对其进行疏浚。设计疏浚后左侧河道宽度为 90 m，边坡为 1∶1.5，进口渠底高程为 393.5 m，进口水位高程 398 m，出口渠底高程为 358 m，出口水位高程 362.2 m，河道长度为 22.97 km，平均纵坡为 1.55‰。在河道转弯段以及居民集中点的边坡采用厚 0.8 m 的钢筋笼卵石护坡。河道进、出口 20 m 范围内均采用 0.8 m 厚的钢筋笼保护。

4. 运行调度方式

水库正常蓄水水位 398 m，电站满负荷发电引用流量 2 576 m^3/s，兼顾防洪功能、发电效益。

（1）枯水期（12 月至 4 月）和平水期（5 月、11 月）。当入库流量 $Q \leqslant 2\,576\ m^3/s$ 时，水库保持正常蓄水位 398 m 运行，水库进行日调节，上游来流量首先满足生态河道、灌溉等综合用水要求，其余流量均用于电站正常发电，即电站不停机和不全闸开启泄洪冲沙的情况下，左岸分水闸（也称生态闸）下泄 100 m^3/s，泄洪渠下泄 50 m^3/s，其余经水轮机组发电后下泄到尾水渠。

（2）汛期（6 月至 9 月）。当入库流量 $2\,576\ m^3/s < Q \leqslant 4\,500\ m^3/s$ 时，水库仍按正常蓄水位 398 m 运行，上游来水超过水库综合用水要求（生态河道引用流量、灌溉引用流量、电站发电引用流量）的部分，由泄洪冲沙闸均匀控制开启泄洪，即当流量大于电站引用流量［2 576 m^3/s（电站引用流量）+100 m^3/s（左侧河道流量）］时，按最大发电引用流量 2 576 m^3/s 发电后经尾水渠下泄，左岸分水闸按最大 600 m^3/s 下泄，其余经泄洪渠下泄（泄洪渠最小下泄流量 50 m^3/s）。

当入库流量 $Q > 4\,500\ m^3/s$ 时，左岸分水闸下泄流量 600 m^3/s，电站停机，泄洪闸全闸开启泄洪。

安谷水电站主要工程特性见附表 5。

5.3 水利水电工程带来的生态问题

5.3.1 水利水电工程对河口生境结构的影响

1. 河网结构简单化

安谷水电站建设后，河口河流物理结构指标变化见表5.3。

表5.3 工程建设前后河流物理结构指标对比

项目	原始状态	工程建成后
岛屿个数与面积	大渡河河口岛屿个数78个，岛屿总面积22.28 km^2	大渡河河口岛屿个数1个，岛屿总面积14.50 km^2
河道蜿蜒度	4.964	1.755
江心洲面积比	0.635	0.414
河网密度/（km/km^2）	3.384	1.197

1）岛屿个数和面积

工程建设后，岛屿个数为1个（不考虑从陆地延伸到河道里面的半岛），岛屿总面积14.50 km^2。

2）河道蜿蜒度

河道蜿蜒度=河道实际长度/直线距离。

工程建设后，河道实际长度为41.95 km，河口的直线距离是23.90 km，计算得到河道蜿蜒度是1.755。

3）江心洲滩面积比

江心洲滩面积比=江心洲总面积/河道内总面积。

工程建设后，河口的江心洲总面积是14.50 km^2，河道内总面积是35.06 km^2，得到江心洲面积比为0.414。

4）河网密度

河网密度=单位面积内的河道长度。

工程建设后，河道长度为41.95 km，河道内总面积为35.06 km^2，得到河网密度为1.197 km/km^2。

通过对安谷水电站建设前后河口的河流物理结构指标的对比可以看出；安谷水电站建设后，原有河道中的江心洲数量剧减，由原有的78个，萎缩至1个；河道蜿蜒度仅能达到原有河道蜿蜒度的35%，河道明显顺直化；江心洲面积也有所减少，为原河网段江心洲面积的65%；由于原有众多汊河道的损失，河网密度明显降低，仅为原河网密度的

35%。可见，安谷水电站建设后，天然河流物理结构被完全改变，结构多样性明显降低。

2. 水文情势平坦化

1）径流节律的变化

根据安谷水电站的运行调度原则，水电站为日调节运行，当上游来流量Q≤2 726 m^3/s时，左侧河道（也称生态河道）下泄流量100 m^3/s，泄洪渠下泄流量50 m^3/s，其余经水轮机组发电后下泄到尾水渠。

上游来流量2 726 m^3/s＜Q≤3 226 m^3/s时，泄洪渠下泄流量50 m^3/s，按最大发电引用流量2 576 m^3/s发电后经尾水渠下泄，其余流量全部进入左侧河道下泄，其流量将在100～600 m^3/s范围内变动。

上游来流量3 226 m^3/s＜Q≤5 100 m^3/s时，左侧河道下泄流量600 m^3/s，按最大发电引用流量2 576 m^3/s发电后经尾水渠下泄，其余流量全部由泄洪闸下泄，其流量将大于50 m^3/s。

上游来流量Q＞5 100 m^3/s时，左侧河道下泄流量600 m^3/s，电站停机，泄洪闸全闸开启泄洪。

结合上游福禄镇水文站水文统计结果，河口日均流量最高为3 200 m^3/s，可见上述调度方式中的后两种工况将很少出现。日均流量2 726 m^3/s＜Q≤3 226 m^3/s的时间集中出现在6月26日至7月20日和8月30日至9月9日两个时段，合计约1个月的时间上游来流量在2 726 m^3/s＜Q≤3 226 m^3/s范围内，年内其他时间上游来流量Q≤2 726 m^3/s。因此，安谷水电站建成后，泄洪渠将常年下泄流量50 m^3/s，年流量内基本无变化，与天然情况差异显著；左侧河道仅在上游来流量2 726 m^3/s＜Q≤3 226 m^3/s的约1个月的时间内，下泄流量在100～600 m^3/s范围内变动，随上游来流量的增加而增加，随之减少而减少，年内其他时间均保持下泄流量100 m^3/s，年内绝大部分时间无流量变化；尾水渠下泄流量变化与进入库区的流量息息相关，年内变化趋势与入库流量的变化趋势一致，仅在上游来流量2 726 m^3/s＜Q≤3 226 m^3/s的约1个月的时间内，入库流量不变，尾水渠保持下泄2 576 m^3/s流量，年内其他时间入库流量和尾水渠下泄流量均随上游流量的增加而增加，随之减少而减少，其年内流量的变化与天然河道差异较小，年内绝大部分时间能与天然流量变化节律保持一致。

2）水深和流速的变化

（1）库区。安谷水电站建成后，由于库区左岸副坝的修建，以及库区原有江心洲岛的淹没与疏浚，库区平均宽度达到600 m，比库区原有天然河道（过流断面约150～400 m）的河宽有明显增加，库区水深亦远大于天然河道的水深。根据河道水文水力学条件的模拟结果，丰水期安谷水电站库区最大水深为21.38 m（坝前），较天然河道丰水期最大水深增加了2.78 m，最大流速为3.39 m/s（库尾），仅为天然河道丰水期最大流速的54.68%；枯水期库区最大水深为21.38 m（坝前），较天然河道枯水期最大水深增加了6.18 m，最大流速为1.33 m/s（库尾），仅为天然河道枯水期最大流速的25.58%。可见，安谷水电站建成后，库区水面面积和水体体积均大幅度增加，流速减缓，库区转变为缓流河道，从库尾至坝前流速逐渐减小，坝前流速仅 0.15 m/s，近乎静水。

（2）坝下。安谷水电站建成后，坝下形成宽约 350 m 的泄洪渠，比坝下原有天然河道的河宽增加，同时根据安谷水电站的调度运行方式，泄洪渠将常年下泄 50 m^3/s 的生态流量，其下泄流量较天然河道明显减少。根据河道水文水力学条件的模拟结果，在 50 m^3/s 的下泄生态流量条件下，泄洪渠最大水深为 0.72 m，较天然河道丰水期最大水深减少了 17.88 m，较天然河道枯水期最大水深减少了 14.48 m；最大流速为 0.95 m^3/s，仅为天然河道丰水期最大流速的 15.32%，为天然河道枯水期最大流速的 18.30%。可见，安谷水电站建成后，坝下水面变宽，水深和流速明显降低。

（3）尾水渠。安谷水电站建成后，尾水渠流量显著增大。发电期间，除泄洪渠常年下泄的 50 m^3/s 生态流量以及左侧河道常年下泄的 100～600 m^3/s 生态流量外，上游来流全部用于发电，后进入尾水渠下泄。枯水期上游来流的 40%，丰水期上游来流的 80%将集中由尾水渠下泄。尾水渠所在的原河道在天然情况下分摊上游 40%～60%的来水量。因此，工程建成发电期间，尾水渠丰水期的流量和水位显著增大。

安谷水电站建成发电后，坝址下游河道以尾水渠左堤线为界将形成左右侧，即左侧的泄洪渠和右侧的尾水渠。泄洪渠和尾水渠有较为明显的流量和水位差，与原天然情况下差别较大。

（4）左侧河道。安谷水电站建成后，左侧河道将常年下泄 100～600 m^3/s 的生态流量。根据河道水文水力学条件的模拟结果，在 100 m^3/s 的下泄生态流量条件下，左侧河道最大水深为 14 m，较天然河道丰水期最大水深减少了 4.6 m，较天然河道枯水期最大水深减少了 1.2 m；最大流速为 3.66 m^3/s，为天然河道丰水期最大流速的 59.03%，为天然河道枯水期最大流速的 70.38%。在 600 m^3/s 的下泄生态流量条件下，左侧河道最大水深为 15 m，较天然河道丰水期最大水深减少了 3.6 m，较天然河道枯水期最大水深减少了 0.2 m；最大流速为 4.89 m^3/s，为天然河道丰水期最大流速的 78.87%，为天然河道枯水期最大流速的 94.04%。可见，安谷水电站建成后，左侧河道水深和流速减少，但较库区和坝下河道变化较少，特别是左侧河道下泄 600 m^3/s 的生态流量时，左侧河道最大水深和最大流速较接近天然河道。

综上所述，安谷水电站建成后，库区水深明显增加，流速明显降低，流量年内绝大部分时间仍能保持天然变化节律；泄洪渠下泄流量、水深、流速明显降低，且年内基本无变化，与天然河道流量变化节律差异显著；库区水深明显增加，流速明显降低，流量年内绝大部分时间仍能保持天然变化节律；尾水渠流量、水深、流速明显增加，流量年内绝大部分时间仍能保持天然变化节律；左侧河道流量、水深、流速降低，但丰水期能接近天然河道水平，除汛期其流量基本无变化，与天然河道流量变化节律差异显著。

库区和尾水渠虽然年内流量的变化节律较接近天然情况，但由于电站的蓄水、发电，日内将形成蓄水—集中泄水发电的流量变化过程，其流量、水深、流速的变化在日内呈现阶梯式的变化模式，打破了天然径流日内流量、水深、流速的波状涨落模式。

整个河口不同区域间的流量、水深、流速差异明显，且与天然情况差异显著，其年内、日内间的变化节律也与天然河道明显不同，各区域年内水文情势变化节律呈现坦化的变化趋势。

3. 河流微生境均一化

安谷水电站建成后，坝下尾水渠全长 9 500 m，迎水堤面坡度均为 1∶1.6，全部采用混凝土护坡；与尾水渠并行的泄洪渠两侧坡比均为 1∶1.5，迎水面同样全部采用混凝土护坡。坝上库区左岸建设副坝，长 10 440 m，直至库尾，副坝坡度为 1∶1.6，迎水面为全混凝土护坡；库区右岸部分建成副坝，右岸副坝合计长约 5 300 m，迎水面均为混凝土护坡，其中太平副坝段长约 4 895.95 m，其临水侧坡比为 1∶0.5。

坝下尾水渠、泄洪渠以及坝上库区的形成使得该区域中原有河道被疏浚或淹没，其原有的大部分缓坡及陡坡生境消失，形成了坡比统一的斜坡生境。该区域中原有河岸的大部分砾石、砂粒等底质生境消失，形成了混凝土护岸。该区域中的无防护型的天然护岸及开放型的天然护岸消失，变成了固化的混凝土的人工坡岸类型。就坡度、河床材料、护岸类型三种微生境指标来看，安谷水电站工程建成后，原河口半数以上的天然河流微生境被改变，形成以固化的统一坡度的混凝土护岸类型为主的河流微生境类型。

同时，由于河道的单一化、顺直化和渠化，原有河道的自然、物理形态特征明显改变，加之河道内径流过程趋于坦化，将导致河道水流流态和河道生境类型的改变。库区、泄洪渠及左侧河道流速的减小，使河口滞水水流和微波的水流流态类型明显增加；混凝土护岸的打造，使河口浅滩和深潭的河道生境类型明显减少。

整体上，工程建成后，河流微生境类型多样化严重下降，趋于一致化，且不同区域间的微生境类型差别显著。

5.3.2 水利水电工程对河口生态功能的影响

1. 安谷水电站的建设对大渡河河口段河流通道功能的影响

河网物理结构的改变以及大坝的建设直接影响河流的通道功能，使河流连通性受阻，生物上下游的交流受挫；河流水文情势年内分配的坦化，使刺激生物特别是鱼类繁殖的河流涨落脉冲信号被打破。

1）对大渡河河口生物交流通道功能的影响

安谷水电站建设后，右侧原有河网从上游至下游将变成库区、大坝、泄洪渠、尾水渠的格局；左侧生态河道除原有最上游的河道入口以及最下游的河道出口仍然保留外，中部所有河道与原右侧河网的连接全部被库区左岸的副坝以及泄洪渠左岸的防洪坝隔断。原有河网段横向大断面上均有 3 条以上河道通路，多数是 4～5 条，最高可达 9 条，随着电站建设演变成为横向大断面上一般为 2 条的河道通路结构，原有网状的河道结构向单一河道结构发展。纵向上电站大坝的建设，以及左侧河道上游闸孔的建设，使得河流上下游的通路受阻，河道连通性明显降低，生物交流通道严重受阻。

2）对大渡河河口河流脉冲信号通道功能的影响

安谷水电站的建设对大渡河河口河流脉冲信号通道功能的影响，其本质是对河道水文情势的影响。自然河流的水文周期有明显的丰枯变化，形成了河流的水位、水温、水量、含沙量和消落带等要素的时序规律，河流走廊的生物节律随之呈现周期变化特征，是维系河流生物多样性的基础。河流的丰枯变化向生物传递着各种生命的信号，鱼类和其他生物依此避难、繁殖、产卵或迁徙。河流的丰枯变化也抑制了某些有害的生物物种的繁衍，维护河流生态系统的健康。也就是说，生物的生命节律特征与河流的时序规律相匹配。

安谷水电站的建设改变了自然水文情势的年内丰枯周期规律，自然河道的丰枯过程减弱，甚至消失。自然河流丰枯变化的水文模式的改变，打破了河流生物群落的生长条件和规律，引起河流生态过程的变化。特别是对于一些只有遇洪水或激流刺激才能产生产卵行为的鱼类，河流洪水过程的减弱，会导致这些鱼类产卵和迁徙激发因素的中断，将会对鱼类资源的补充造成严重影响，使得鱼类种群逐渐减少，甚至消失。

安谷水电站建成后，河道水文情势较原来有显著的变化。

电站建成后，整个河口除尾水渠流速比电站建成后增大以外，其他区域流速均减少。特别是库区。库区最大流速仅为天然河道最大流速的25.58%～54.68%，库区将转变为缓流河道，且从库尾至坝前流速逐渐减小，至坝前流速仅 0.15 m/s，近乎静水。坝下泄洪渠最大流速仅为天然河道最大流速的15.32%～18.30%，且以尾水渠左堤线为界，坝下左侧的泄洪渠和右侧的尾水渠将形成极为明显的流量和水位差。

电站建成后，整个大渡河河口除库区和尾水渠在年内仍有一定的径流变化外，其他区域年内绝大部分时间无径流变化。特别是泄洪渠和左侧河道。泄洪渠流量年内基本无变化；左侧河道仅汛期约 1 个月的时间内下泄流量随上游来流量的变化而变化，年内其他时间均保持同一下泄流量；库区与尾水渠下泄流量的年内变化与天然河道差异较小，年内绝大部分时间能与天然流量的变化节律保持一致。

安谷水电站建设后，库区和坝下尾水渠虽然能保持较天然的径流变化节律，但由于库区水流流速的明显减缓，丰水期刺激坝上鱼类繁殖的激流脉冲信号将明显减弱；尾水渠则由于流速的显著增加，超过了鱼类的临界游泳速度，可能会导致产卵鱼类无法上溯至尾水渠。坝下泄洪渠和尾水渠虽然仍能保持一定的流速，但其年内基本无流量的变化，不能形成鱼类产卵繁殖所需要的洪水脉冲过程。因此，工程建设后所形成河道的水文情势的改变，将使得原有天然河流丰枯变化的信号脉冲严重受损，特别是对水生生物的生长、繁殖、迁徙等生命活动造成不利影响。

2. 安谷水电站的建设对大渡河河口段水生生物栖息地功能的影响

1）产卵场

根据现状调查结果，河口鱼类除蛇鮈、犁头鳅和长鳍吻鮈等少量典型产漂流性卵的小型鱼类以外，主要为产黏沉性卵的鱼类。产黏沉性卵鱼类产卵场对水文水力学条件要求不高，产卵场分布非常广泛，规模多较小，浅水砾石、沙砾滩、沿岸边滩以及涨水被淹的消落区均可为其提供产卵的条件。产漂流性卵的鱼类产卵场对水文水力学条件要求较高，产卵场相对较为稳定。

安谷水电站建成后，坝下尾水渠由于流速过高，且两岸固化，将不再具备适宜鱼类繁殖的条件。

坝下泄洪渠由于原有河道的疏浚和两岸的固化，原有产卵场被破坏。加之泄洪渠下泄的流量在年内几乎无变化，不能形成丰枯的波动，不利于鱼类的产卵繁殖，其产卵场的功能基本丧失。

库区河段原有产漂流性卵和黏沉性卵的产卵场将被淹没，对其产卵场规模影响明显。坝前由于几近静水，不再存在适宜的鱼类产卵场条件。库尾仍保持有一定的流速，但由于水较深，不利于黏沉性鱼卵的孵化，不过还能形成少部分的“泡漩水”，产漂流性卵鱼类产卵的条件会有少部分的保留，所以库区仅在库尾可能还有形成产漂流性卵鱼类产卵场的条件。

左侧河道由于工程占地、弃渣填埋、移民安置占用部分河网，分布于这些区域的产卵场将会遭到破坏。仍然留存的左侧河道，仍有适宜的形成鱼类产卵场的底质条件，但由于其流量减少，年径流量分配坦化，水文条件成为限制适宜鱼类产卵规模的制约因素。

2）索饵场和越冬场

根据调查，安谷库区在河网岔流的缓流深水处，散布着数个小越冬场。库区以上大岩腔渡口上下约 2 km，是一个较大的越冬场。安谷水电站建成后库区原有的越冬场会被淹没，但水库面积、库容增大，库区成为坝上鱼类良好的越冬场。坝下河段原有的零散越冬场，将被坝下泄洪道和尾水渠占据部分河段。

库区透明度升高，生物生产力提高，浮游生物、底栖动物生物量增加，库区鱼类育幼和缓流水或静水性鱼类索饵环境改善，规模扩大。但库区水生生物种类组成发生很大变化，以浮游生物、底栖动物和着生藻类为主的流水性鱼类索饵环境大规模萎缩。坝下泄洪道及尾水渠占据原有部分索饵场河段。青衣江汇口至岷江河段，在青衣江、岷江流水缓冲的双重作用下，其鱼类索饵场、育幼场规模继续存在。

工程左岸的河网区域，由于工程占地、弃渣填埋、移民安置等占用部分河网，河流生境萎缩，索饵场衰减。

▶▶▶ 第 6 章

大渡河河口再自然化生态修复总体规划布局

6.1 再自然化生态修复规划主要研究内容

再自然化修复代表了河流生态系统恢复的发展方向，是目前重点研究和应用的技术措施。它主要是针对人工干扰强度较大的河流，采用工程和生物措施恢复河流的自然属性和生态水文过程，重建可持续的河流生态系统。

本书介绍的大渡河在河口处接纳了青衣江后汇入岷江，形成了三江汇流水域，其河网密布、水流复杂、洲岛众多、生境多样、生物物种较为丰富。随着大渡河和青衣江梯级水电站，特别是安谷水电站的建设和运行，对该江段河网结构、河流连续性、生物群落结构及生物多样性等均产生了一系列的影响。通过开展以下研究，对大渡河河口进行再自然化修复的规划和设计。

1. 受损河流微生境特点及其再自然化技术研究

系统调查研究大渡河河口段河网状的微生境特点及其生态学效应，开展不同微生境结构、生物组成与丰度的比较研究，揭示生物对微生境结构的需求及在不同微生境中的迁徙规律，分析微生境结构复杂度与生物多样性之间的关系，提出满足生物需求的河流微生境重建的理论和方法。重点针对沿岸堤防、挖沙受损河床底质、弃渣堆放和移民造地区域的再自然化修复技术研究，提出相应的工程技术标准。

2. 受损河流连续性恢复技术研究

开展河流连通性阻隔、河网密度下降对河流生态系统结构功能和生物多样性的影响研究，提出河流连通性恢复的原理、措施和方法；开展主要水生动物游泳能力、迁徙规律、生态习性、向流习性等方面的研究，依据影响河段生境特点、工程特性及受影响的情况，研究满足水生动物迁徙、栖息需求的水生生物迁徙通道、河网沟通的设计技术和工艺。

3. 仿自然生态水文过程模拟技术研究

分析河网密度、河势河态等与生物群落、水文情势耦合关系，调研国内外水生生物、湿地等对生态水文过程需求的研究成果，针对库尾过鱼设施和生态流量泄放闸，提出河流恢复中生态水文过程恢复的原则、方法和调度方案。

4. 鱼类模拟产卵场的建设技术及设计工艺研究

通过研究区域鱼类产卵场水文水力学条件、河床底质等生境特点和鱼类繁殖生物学特性，结合工程建设和运行后，保留和修复的河网生态环境条件，研究建设模拟产卵场的技术和工艺。

5. 河流生态景观设计与河流生态规划研究

研究大渡河河口湿地景观生态特点，对工程建设、水库淹没、弃渣堆放、移民造地、移民迁建等，结合河流再自然化修复，提出河口河段的景观设计和整体生态规划。

根据电站建设占地、水库淹没、渣场堆放、工程取土、移民造地、移民迁建的实际，制定整体的生态规划，采取工程和生物相结合的措施，恢复河网结构、河流连通性以及自然河流水文过程，模拟重建和恢复自然河流微生境、鱼类产卵场等重要栖息地，对大渡河河口进行河流的再自然化生态修复，从而恢复工程建设后的大渡河河口河流生态系统的结构和功能，重建河流湿地自然景观，减缓水电工程建设对河流生境的不利影响，促进区域社会、经济的可持续发展。

6.2 再自然化生态修复规划原则

大渡河河口河流再自然化生态修复立足全局，把握河流特点，从河流内在的运动机理和生存需要出发，使人类与河流的关系在需求和承受能力之间达到平衡。主要遵循以下 8 个方面的修复原则。

（1）因地制宜，目标可行原则。根据大渡河河口不同微生境的具体情况和特点，确定合理适度的水生态系统修复与保护目标，提出切实可行的治理方案。

（2）遵循自然原则。利用大渡河河口水生态系统的自我调节能力，遵循河流的自然水文循环和生态学规律，以生态系统原理为指导，因势利导地采取相应的措施，侧重于自然的河流保护和修复，使大渡河河口水生态系统朝着自然和健康的方向发展，同时降低投资成本。

（3）科学治理，措施配套原则。采用先进合理的治理技术，对大渡河河口河流廊道，从河流连通性恢复、仿自然水文情势模拟、鱼类重要栖息地修复、景观生态规划等方面，提出系统配套的措施，恢复河流健康，促进人与自然的和谐。

（4）人水和谐原则。保证大渡河河口河道的引水、灌溉、行洪基本功能，提供安全、良好的水生态与水环境，促进社会、经济、环境协调发展。使大渡河河口河流再自然化生态修复与社会经济发展相协调，社会经济效益与生态效益相结合，最大限度地构造人类和河流融洽和谐的环境。

（5）景观异质性原则。选择合适的尺度，合理配置景观格局，提高景观空间异质性，有利于增强生物多样性，有利于生态修复。

（6）亲水性原则。按照景观生态学原理，增加景观异质性，保留原河道的自然线形，运用植物以及其他自然材料构造河流景观，增强大渡河河口河流亲水性，为人类提供生息休养的空间，带给人们美好的享受。

（7）工程措施和非工程措施并举原则。大渡河河口再自然化生态修复在注重工程措施的同时，需要加强管理，充分利用宣传教育、法律法规、经济杠杆等非工程措施的作用，以达到事半功倍、标本兼治的效果。

（8）综合效益最大化原则。大渡河河口再自然化生态修复是一个复杂的工程，周期长、风险大、投资高，要从流域系统出发进行整体分析，结合近期、远期利益，运行费用、效益比较，根据大渡河河口所处的治理修复阶段提出最佳修复方案，获得最大修复成效，实现社会、经济和生态环境效益的最大化。

6.3 再自然化生态修复规划思路

大渡河河口再自然化生态修复思路：分析大渡河河口天然河段的河流生境特征，对比安谷水电站工程建设后河流生境指标的变化，从而探讨安谷水电站工程建设后大渡河河口天然河段生态功能的受损情况，以此制定大渡河河口再自然化生态修复的目标，并提出沟通河网、构建过鱼通道、泄放生态流量、实施生态调度、恢复和重建水生生物重要栖息地的修复措施，最后根据修复措施的布置以及工程建设、水库淹没、弃渣堆放、移民造地、移民迁建等，提出大渡河河口再自然化生态修复思路（图 6.1）。

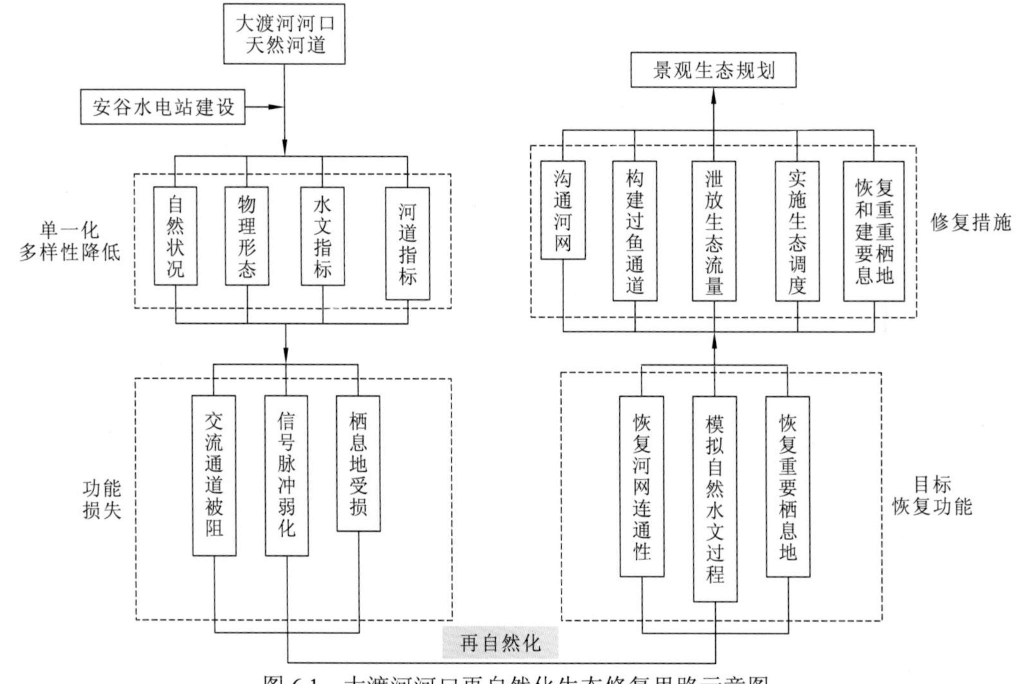

图 6.1 大渡河河口再自然化生态修复思路示意图

6.4 再自然化生态修复规划目标与措施

大渡河河口再自然化生态修复的总体目标是减缓电站建设对河流生态系统的影响，恢复河流生态系统的健康与功能，平衡河流开发利用与自然界生产、循环的协调性与和谐性，以实现河流的自然、经济、人文、环境四者的协调和可持续发展，其主要标志是生物群落多样性的提高。

根据安谷水电站建设对大渡河河口河流通道功能和水生物栖息地功能的影响，确定大渡河河口再自然化生态修复的具体目标主要有三项：一是河道连通性的改善；二是水文条件的改善；三是生物栖息地的修复与重建。其具体措施有以下几个方面。

（1）河道连通性的改善是指沟通原有河网，并通过过鱼设施的建设，恢复河流的纵向连续性，减缓电站建设对鱼类繁殖洄游及上下游交流的阻隔。

（2）水文条件的改善是指充分考虑水生生物，主要是鱼类的繁殖对水文情势的需求，提出多目标的水库生态调度，即在满足社会经济需求的基础上，模拟自然河流的丰枯变化，特别是鱼类繁殖期的水文模式，以满足鱼类繁殖的水文条件。

（3）生物栖息地的修复与重建是指根据鱼类栖息地的水力学特性，选择电站建设后仍然保留的栖息地进行修复，以及对适宜的生境进行栖息地的重建。

（4）河流绿色廊道的修复和保护是指开展以河岸缓冲植被带建设为核心，辅助以水景观、滨水区等工程建设，保护和修复大渡河河口水生态系统，促进河流健康，满足居民的亲水需求，形成功能多样的河流绿色廊道网络。

6.5 再自然化生态修复规划总体布局

大渡河河口再自然化生态修复规划布局本着全面规划、突出重点的思路，综合考虑大渡河河口段河道生态功能定位，同时结合不同河段生态问题的侧重点，制定水生态系统保护和修复的总体工程布局。

大渡河河口再自然化生态修复主要针对左侧河道进行再自然化的生态修复，包括河网连通性恢复、过鱼措施的建设、生态流量的泄放、生态调度的实施、鱼类重要栖息地的修复、绿色景观生态廊道构建。

工程建设后的生态问题包括：电站的建设，使原有河网演变为库区、泄洪渠、尾水渠和左侧河道这种较单一化、顺直化的河道结构，河流横向和纵向的连通性严重受阻；安谷水电站的建设，使得左侧河道流量减少；径流的泄放流量除汛期泄放 600 m^3/s 外，其他时段泄放 100 m^3/s，年内水文节律在汛期形成一个大的突变，其他时段则完全均一化，水文脉冲变化完全丧失；河道内水文水力学条件发生改变，但仍能保持一定生物适宜栖息条件；坝上库区左岸和坝下泄洪渠、尾水渠坡岸硬质化，左侧河道部分汊河的填埋、河道疏浚等工程，使得左侧河道原有天然河岸带受损。

修复目标包括：河道连通性恢复；生态流量的泄放；模拟自然水文过程；鱼类重要栖息地的修复；河流绿色廊道的修复和保护。

主要措施主要包括以下几个方面。

1. 河道连通性恢复

河道连通性恢复是根据工程特征及河网段地形地貌结构，尽最大可能地保留原有河网结构，并选择适宜河段，通过过鱼措施的建设，加强河道连通性的恢复，改善电站建设后鱼类交流、洄游的条件。

2. 生态流量的泄放

生态流量的泄放是根据生境模拟法，以鱼类为指示生物，根据其适宜的水文水力学条件，分析其适宜栖息面积与流量的对应关系和曲线，以其曲线第一个拐点所对应的流量确定其适宜的生态需水量。

3. 模拟自然水文过程

模拟自然水文过程是指通过分析河口的系列日水文数据，根据其水文情势特点，提出生态调度的约束条件，结合生态流量的泄放，模拟其自然水文过程。

4. 鱼类重要栖息地的修复

鱼类栖息地的修复是通过研究工程建设前，左侧河道的水文水力学条件、河道生境特点、水生物现状，分析工程建设后水文水力学条件的变化，结合鱼类对水文水力学条件、鱼类栖息地特点、饵料生物的需求，对其重要栖息地进行修复和重建，使其尽量接近原有天然河道的状态，有效缓解电站建设对鱼类造成的不利影响。

5. 河流绿色廊道的修复和保护

河流绿色廊道的修复和保护是选择本土植物，构建合理植被群落结构，护岸固土，设置亲水设施，打造绿色亲水的生态景观廊道。

▶▶▶ 第 7 章

大渡河河口连通性恢复技术研究与实践

7.1 河流连通性恢复理论及其发展

水系连通性被定义为河道干支流、湖泊及其他湿地等水系的连通情况，反映水流的连续性和水系的连通状况[56]。其连通性包含两个基本要素：①有能满足一定需求的保持流动的水流；②有水流的连接通道。

河流作为一个连续的、流动的、独特而完整的系统，其连通性不仅指地理空间上的连续，更重要的是指生态系统中生物学过程与其物理环境的连续[57]。河流中的生物群落通过对河流生境的不断适应而调整，随河流中连续的水文水力学条件以及营养物质流和能量流的变化而生存繁衍，形成了上、中、下游多样而有序的生物群落，其中浮游植物、浮游动物、底栖动物和鱼类等也都遵循连续分布的规律，形成了丰富而有序的食物链。同时，河流的连通可以增加河流流动水体的面积，提供更多的生物栖息地，有助于更好地保护生物多样性及河流生态系统的完整性[58]。

河流连通性是河流生态系统最基本的特点，是河流生态系统保持其生态结构和执行其生态功能的重要前提条件。人类修筑的各种拦水设施（水库、闸坝等）、航道整治和渠化等都会改变河流连通的生态条件。从宏观上看主要是改变水流的空间和时间分布，引起水文情势的变化及生态系统物理、化学和地貌形态的改变。具体表现为：原有水生生物所适应的原河流栖息地天然径流和水文条件在空间和时间上的连续性损失；河流作为水生生物和营养元素交流廊道的功能受损；沿岸带连接高地和水域生态系统的“过滤”作用降低。最终造成对水生生物栖息地连通性的破坏，原有水生生物种群的结构、分布以及水生生物的生产力方面均将受到影响，尤其是对各种洄游性鱼类的影响更为深远。

国内外对于水系连通的实践历史悠久，但目前对水系连通性的研究还很不充分，对水系连通性及其环境影响与恢复还缺乏足够的认识。近几年，国内外学者逐步开始了对水系连通性的概念及将其用于地貌、生态和水文系统的研究和探索[59]，其中对河流连通性恢复重点考虑鱼类洄游通道的连通性恢复，其措施多为通过构建过鱼设施来实现。

国外鱼类洄游通道恢复工作最早出现于17世纪，1662年法国西南部的贝阿恩（Bearn）省曾颁布规定，要求在坝、堰上建造供鱼上下行的通道。19世纪末和20世纪初，随着西方经济的快速发展，对水电能源、防洪、灌溉以及城市供水的需求不断加大，水利水电工程得以蓬勃地发展，同时这些工程对鱼类资源的影响也日益突出，鱼道的研究和建设也随之得到了飞速的发展。进入21世纪，全球社会经济发展与资源环境的矛盾日益加剧，社会对生态与环境保护的重视程度达到前所未有的高度，河流流域的鱼类洄游通道恢复工作得到了长足的发展。欧洲、美国、日本、澳大利亚等国家和地区在鱼类洄游通道设计建设方面积累了许多成熟的经验。欧洲国家一般根据河流流域鱼类洄游通道恢复目标，在充分调查河流障碍物类型、分布、对鱼类阻隔程度以及目标鱼类洄游特性、洄游线路的基础上，由生物学家、工程师、水文学家、水资源管理者、计划制订专家等组成团队确定河流鱼类洄游通道的优先水域。荷兰、捷克、比利时等目前都已经建立了基于地理信息系统（geographic information system，GIS）的覆盖全国的鱼类洄游通道恢复优先水域空间信息库。在美国，也建立了一个涵盖全国河流障碍物信息和鱼类生态信息的国家鱼道决策支持系统。

我国鱼类洄游通道恢复建设与研究始于20世纪50年代，历史较短，以葛洲坝工程建设为标志，经历了前后完全不同的三个发展阶段。

（1）葛洲坝工程建设前的我国鱼类洄游通道恢复。20世纪50年代，我国开始了大规模农田水利建设，大量的闸、坝被建设在河流、湖泊上。这些闸、坝阻碍了鱼、虾、蟹等水生生物的洄游通道，造成了渔业资源的下降。由于当时天然捕捞业在水产行业中占有非常重要的地位，所以在阻碍鱼类洄游路线的闸、坝上修建过鱼设施，恢复鱼类洄游通道，受到了社会的高度关注。1958年政府规划建设富春江七里泷水电站时，首次进行鱼道设计规划[60]。1960年黑龙江在兴凯湖附近建成了我国第一条鱼道。截至1973年江苏省已建鱼道16座。1980年洋塘鱼道在湖南洣水建成，通过观测，其过鱼效果较好，把我国有集鱼系统的过鱼设施的研究、设计向前推进了一大步。

（2）葛洲坝工程救鱼之争。葛洲坝水利工程于1981年截流。经过多次论证，1982年12月中央有关部门负责人向国务院主要领导书面建议葛洲坝中华鲟救护措施不必考虑修建过鱼设施，以免造成严重的经济损失和浪费。至此，一场长达数十年的关于葛洲坝工程是否修建过鱼设施的争论以不修建过鱼设施告终。

（3）葛洲坝工程建设后的我国鱼类洄游通道恢复。1980～2000年，我国未修建任何过鱼设施，相关研究也中断，鱼类洄游通道恢复的作用和地位被忽视，一些已建过鱼设施因疏于管理而逐渐被荒废。进入21世纪后，随着我国经济的飞速发展和水利水电开发程度的不断加深，水体富营养化、渔业资源退化、水生生物多样性下降、珍稀鱼类濒危程度加剧等水生态系统健康和安全问题不断凸显，沟通河流系统连通性，恢复鱼类洄游通道的作用逐渐被重新认识，过鱼设施的作用和功能也重新被思索和探讨。

本章对受损河网河流连通性恢复的措施除了恢复部分原有河道的连通性外，主要考虑构建过鱼设施。

7.2 大渡河河口段河网沟通技术规划

大渡河河口由乐山市沙湾区至乐山市市中区纳入了支流青衣江、峨眉河、临江河，同时受岷江来水的顶托，形成了典型的河网状河口形态结构。为开发利用大渡河下游水能资源，国家相关部门于2003年提出了沙湾以下河段建设安谷水电站的规划开发方案，根据工程设计方案，安谷水电站建成后，为满足移民安置需要，对仍保留的左侧河网湿地区进行了大面积回填，仅保留一条河流生境，原有河网结构完全被破坏，江心洲损失严重，左侧河网湿地生境受到严重破坏，影响了湿地生物栖息地功能。为恢复原有的河道结构，在大渡河河口再自然化生态修复的实践中提出了河网沟通的措施，即对于没有被库区和泄洪渠副坝隔断，仍有过流能力的汊河予以保留，其具体措施如图 7.1 所示。该措施最大程度保留了左侧河网面积，减少了对生态功能较好的湿地资源的破坏。对于移民造地的需求则尽量考虑利用荒滩地和部分退化的支汊造地来实施。

图 7.1 河网沟通措施布置图

在实施了河网沟通措施后，岛屿个数有所增加，河道蜿蜒度和河网密度对比工程方案都有明显增加（表 7.1）。工程建设后河道蜿蜒度和河网密度仅为原天然河道的 35%左右，河网沟通措施实施后，河道蜿蜒度和河网密度提高至原天然河道的 57%左右。

表 7.1 河网沟通措施实施与工程方案对河道物理形态的影响对比

项目	原始状态	工程方案	河网沟通措施后
岛屿个数与面积	大渡河河口岛屿个数 78 个，岛屿总面积 22.28 km^2	大渡河河口岛屿个数 1 个，岛屿总面积 14.50 km^2	大渡河河口岛屿个数 8 个，岛屿总面积 12.60 km^2
河道蜿蜒度	4.964	1.755	2.775
江心洲面积比	0.635	0.414	0.359
河网密度/（km/km^2）	3.384	1.197	1.963

7.3 鱼类过鱼设施规划与设计

7.3.1 过鱼设施主要类型

根据工程的阻隔类型以及过鱼目标的不同，过鱼设施可分为上行过鱼设施和下行过鱼设施两大类。上行过鱼设施主要包括鱼道、仿自然通道、升鱼机、集运鱼系统、鱼闸等；下行过鱼设施主要包括物理拦栅结合旁道、行为拦栅结合旁道、鱼泵等。

由于鱼类受到的阻隔影响主要是上行阻隔，上行过鱼设施较为常见，应用较为广泛。过鱼设施主要用于恢复鱼类上行通道，本小节主要介绍几种常用的上行过鱼设施。

1. 鱼道

鱼道又称鱼梯或技术型鱼道，应用广泛，历史也很长，法国在 19 世纪就已经建有

100 多座鱼道。鱼道由进口、槽身、出口等组成。其原理是将过坝高度分解成多个较小的落差，形成一系列的水池，水池间设有隔板，隔板上设有孔、槽或缝，沿程利用水垫、沿程摩阻、水流对冲和扩散来消能减缓流速，以达到帮助鱼类通过的目的（图 7.2）。根据隔板形式不同，鱼道又可分为丹尼尔式、溢流堰式和竖缝式等。

图 7.2 鱼道

2. 仿自然通道

仿自然通道是人工开凿的类似于自然河流的小型溪流，通过在溪流底部、沿岸堆积石块，形成障碍物，利用摩阻起到消能减缓流速的目的。由于仿自然通道坡度相对较小，所需空间大，一般应用于上下游水位差不大的水利工程（图 7.3）。

图 7.3 仿自然通道

3. 升鱼机

升鱼机设计原理与电梯相似，由进鱼槽、竖井、出鱼槽三部分组成。工作时先由进鱼槽口放水，将下游鱼类诱入进鱼槽，移动立式赶鱼栅，把鱼驱入竖井，然后关闭竖井进口闸门，向竖井充水至与上游水位持平。同时启动竖井内水平升鱼栅，提升鱼类到上游水位处。最后，打开上游闸门，移动出鱼槽的立式赶鱼栅，驱鱼入上游水域。由于升鱼机占地小，提升高度大，所以一般使用在水头较高的工程（图 7.4）。

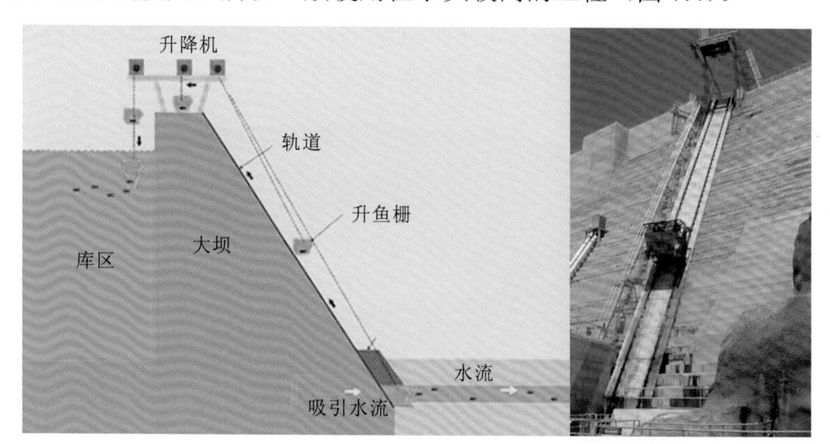

图 7.4　升鱼机

4. 鱼闸

鱼闸设计原理与船闸相似，由下水槽、闸室、上水槽 3 部分组成，利用上、下两座闸门调节闸室内水位变化实现过鱼。鱼闸工作时上闸门微开，下闸门全开，在下闸门口形成水流，吸引下游鱼类经下水槽进入闸室，然后关闭下闸门。待闸室内水位上升至上游水位时，打开上闸门，并通过闸室内水的流动，将鱼类引出闸室进入上游水域。最后关闭上闸门，开启下闸门放水，再次将鱼诱入。鱼类通过鱼闸时费力不大，对游泳能力差的鱼类尤为适用（图 7.5）。

图 7.5　鱼闸示意图

5. 集运鱼系统

集运鱼系统原理是通过一定的诱鱼手段，将下游的鱼集中到集鱼船或集鱼箱中，然后通过运鱼船或者汽车将鱼运输到坝上，从而达到翻坝的目的。集运鱼系统适合高水头的大坝，也时常作为一种上行过鱼设施建设前的过渡措施，其缺点是鱼在运输过程中容易受到伤害（图 7.6）。

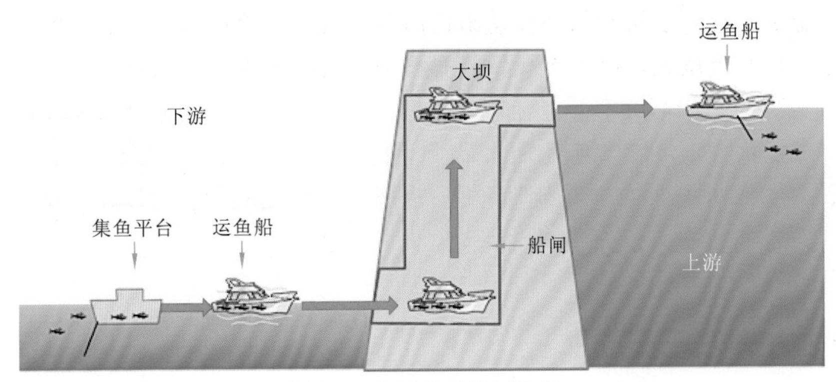

图 7.6　集运鱼系统示意图

7.3.2　过鱼设施类型比选

过鱼设施的类型多种多样，这些类型根据不同的水利工程、不同的过鱼对象设计，具有不同的特点。根据鱼类过坝的驱动力可将过鱼设施分为鱼类主动洄游和人工技术辅助两大类型。其中：鱼类主动洄游类，包括鱼道和仿自然通道，在这两种过鱼设施中鱼类依靠自身力量洄游通过过鱼设施，不需要或较少需要人工辅助；人工技术辅助类主要包括升鱼机、鱼闸和集运鱼系统，在这三种过鱼设施中，鱼类主要依靠外力的辅助过坝。两大类型过鱼设施的优缺点比较见表 7.2。

表 7.2　几种过鱼设施优缺点比较

类别	驱动力	优点	缺点	应用范围
鱼道	主动洄游	①连续过鱼 ②鱼类较易适应 ③过鱼量大	①占地较大 ②水位适应能力弱	中、低水头工程
仿自然通道				
升鱼机	人工辅助	①占地小 ②节省鱼类体力	①不利于水系连通 ②不易集鱼 ③过鱼量小 ④操作复杂 ⑤易出现故障 ⑥运行维护费用高	中、高水头工程
鱼闸				
集运鱼系统				

两大类型的过鱼设施中，主动洄游类过鱼设施依靠鱼类自身洄游过坝，能够实现连续过鱼，过鱼量较大，而且在鱼类的主动洄游中自然筛选了需要洄游过坝的种群，过鱼效率较好；而人工技术辅助类过鱼设施需要外力的辅助，运行较为复杂，出现机械故障的概率较高，难以实现鱼类的连续过坝，过鱼量较小，在其运行过程中，鱼类不需要耗费过多的体力即可过坝，所以主要应用在中高水头的工程中。

鱼闸过鱼不连续，效果有待验证，故不建议应用于安谷水电站。设置升鱼机可能存在两方面困难：一是由于升鱼机集鱼地点需选在坝下，其进口可能影响厂房或泄水闸泄水；二是升鱼机不能连续过鱼，过鱼量较小，所以升鱼机方案不做推荐。集运鱼系统由集鱼平台和运鱼船组成，两部分分开作业。集运鱼系统可实现连续集鱼和高效过坝，但操作复杂，过鱼量较小，运行维护费用高，不利于水系的连通，不适合安谷水电站采用。安谷水电站为中低水头工程，在条件许可的情况下应优先采用主动洄游类过鱼设施。

1. 过鱼设施总体布局

安谷水电站建成后，在两个位置对鱼类造成上溯阻隔，第一个位置是工程枢纽位置，第二个位置是库尾左侧河道泄水闸位置，见图 7.7。

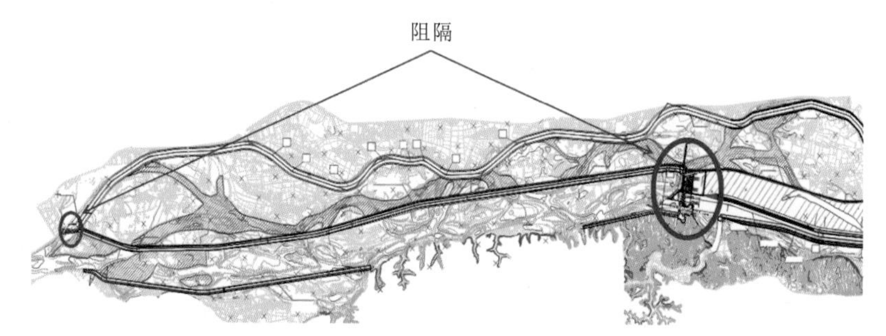

图 7.7 安谷水电站阻隔示意图

在工程枢纽和库尾左侧河道泄水闸处建设过鱼设施均能起到恢复鱼类洄游通道的目的，但两种方案也各有优缺点，见表 7.3。

表 7.3 过鱼设施建设地点优缺点比较

过鱼设施建设地点	优点	缺点
工程枢纽	进入电站尾水渠的鱼类可以上溯通过	① 水头较高 ② 坝下水位变幅大 ③ 尾水渠不适合鱼类栖息 ④ 诱鱼流量较小 ⑤ 过鱼效果难以保证
左侧河道	① 水头较小 ② 闸下水位变幅较小 ③ 诱鱼流量较大 ④ 生态河道栖息鱼类较多	泄洪渠和尾水渠需设置拦鱼设施
工程枢纽+左侧河道	进入电站尾水渠的鱼类可以上溯通过	① 工程量较大 ② 主体枢纽鱼道效果难以保证

由于工程枢纽上下游水头差为 24～35 m，不但水头高，而且水位变幅巨大，无论是鱼道或仿自然通道都难以适应这样的水位变化幅度。另外，泄洪渠及尾水渠进行了断面几何化的渠化，并不适宜鱼类的生存和栖息，上溯的鱼类也很少，大部分鱼类会沿左侧河道上溯至泄水闸附近。而且左侧河道上下游水位差较小，下游水位变幅小，为了保证

生态流量的泄放，在工程枢纽处建设过鱼设施效果将难以收到理想效果，所以在库尾左侧河道泄水闸处修建过鱼设施较为合适。

2. 过鱼方式比选

方案一：鱼道。

在库尾左侧河道泄水闸左岸建设鱼道，鱼道宽 3.0 m，进口位于泄水闸下方，进口高程为 393.0 m，运行水深 1.5～2.0 m，出口位于闸上约 60 m，高程 397.8 m，鱼道底坡 1/50，共设 7 个休息池，总长度约 290.4 m（图 7.8）。

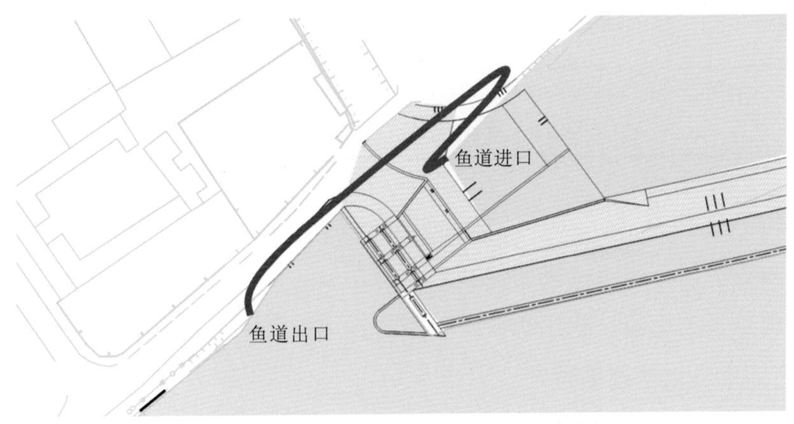

图 7.8　库尾左侧河道鱼道方案示意图

方案二：仿自然通道。

在库尾左侧河道泄水闸左岸建设仿自然通道，通道底宽 4.0 m，表面宽 12 m，正常运行水深 1.5～2.0 m，进口位于泄水闸下方并朝向下游方向，高程为 393.0 m，通道向下游转折后再折向上游，出口位于闸上约 80 m，高程 397.8 m，鱼道底坡坡度 1/100，沿程共设 2 个大型休息池，通道全长约 500 m（图 7.9）。

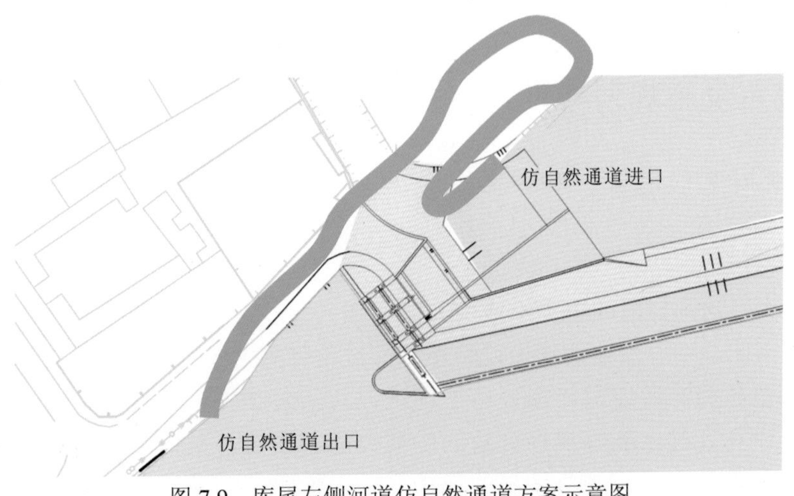

图 7.9　库尾左侧河道仿自然通道方案示意图

由于左侧河道泄水闸处水头较低，水位变幅也不大，且有足够建设场地，所以鱼道和仿自然通道方案均具有可行性，以下对两种方案的优缺点进行比较。

由表 7.4 可见，在过鱼能力方面，仿自然通道方案占据优势，但缺点是占地和工程量较大，由于左侧河道左岸有足够场地修建仿自然通道，所以推荐在左侧河道泄水闸左岸修建仿自然通道。

表 7.4 鱼道方案和仿自然通道方案优缺点比较

过鱼方案	优点	缺点
鱼道方案	占地较少，工程量较小	① 过鱼种类和数量较少 ② 兼顾鱼类下行能力较弱
仿自然通道方案	① 适应种类较多 ② 能够兼顾鱼类下行	占地较大，工程量较大

3. 鱼类下行途径

安谷水电站修建过鱼设施的主要目标是解决主要过鱼对象的上溯过坝问题，同时兼顾上下游其他鱼类的交流。在工程中，鱼类可以通过以下 3 种方式下行过坝。

1）通过库尾仿自然通道过坝

仿自然通道运行时，部分鱼类会从上游通过过鱼设施出口，经过仿自然通道下行过坝。

2）通过水轮机过坝

安谷水电站工程属中水头工程，根据国内外进行的鱼类通过水轮机成活率研究表明，部分非大型鱼类可以通过水轮机下行过坝。

3）通过泄水闸过坝

在洪水季节，泄水闸开启时，部分鱼类可以通过泄水闸下行过坝。

以上 3 种方式为工程正常运行过程中鱼类的下行途径。

7.3.3 过鱼设施规划与设计

1. 过鱼对象的选择

1）过鱼目的

因为在大渡河河口段的鱼类组成中，既存在具有一定洄游特性的鱼类，也分布有定居性鱼类。因此，安谷水电站建设过鱼设施的过鱼目的主要有以下两个方面。

（1）恢复鱼类洄游通道。在分布于坝址河段的鱼类中，对于具有洄游特征的鱼类需要通过洄游和迁徙才能寻找到合适的生境完成其繁殖、索饵以及越冬等重要生活史过程。针对这几种鱼类，过鱼设施的保护目的是保障其洄游通道畅通，保护鱼类生活史的完整性。

（2）保证鱼类遗传交流。在坝址分布的鱼类中，同样存在着一些定居性鱼类，对于这些鱼类而言，虽然其生活史过程中不需要进行大范围的迁徙和洄游，但会与不同版块之间的鱼类进行交流繁殖，这样丰富了各版块之间的基因库，对于种群稳定发展非常重要。因此，对于这些定居性鱼类，过鱼设施的保护目的是保证坝上坝下之间的鱼类群体交流。

2）主要过鱼对象的选择

选择过鱼对象时，应满足以下条件。

（1）安谷水电站上游及下游均有分布或工程运行后有潜在分布可能的鱼类。

（2）安谷水电站上游或下游存在其重要生境的鱼类。

（3）洄游或迁徙路线经过工程断面的鱼类。

依据现代生态学理论和观点，过鱼设施所需要考虑的鱼类不仅仅是洄游鱼类，空间迁徙受工程影响的所有鱼类都应是过鱼设施需要考虑的过鱼对象。

但过鱼设施的结构和布置很难做到同时对所有鱼类都有很好的过鱼效果，所以在设计过鱼设施，选择过鱼对象时，以下鱼类应优先考虑。

（1）具有洄游特性的鱼类。

（2）受到保护的鱼类。

（3）珍稀、特有及易危鱼类。

（4）具有经济价值的鱼类。

（5）其他具有迁徙特征的鱼类。

结合鱼类生态习性、资源状况和物种价值分析，安谷水电站过鱼设施确定胭脂鱼、长薄鳅、长鳍吻鮈、异鳔鳅鮀、蛇鮈为主要过鱼对象；犁头鳅、四川白甲鱼、唇䱻、泉水鱼、瓦氏黄颡鱼、切尾拟鲿、鲇、大鳍鳠、黄颡鱼为兼顾过鱼对象。为保护坝上坝下鱼类的交流，在坝址处分布的其他鱼类作为潜在过鱼对象。

3）过鱼对象

（1）胭脂鱼（图7.10）。

图7.10　胭脂鱼

分类地位：鲤形目、亚口鱼科、胭脂鱼属。

生态习性：中下层鱼类，性活泼。杂食性，但主要以底栖无脊椎动物为食。繁殖期在3～4月，初次性成熟年龄为5～6龄。有溯河产卵习性，成熟个体多上溯到金沙江、岷江、嘉陵江等下游江段产卵。产卵场水流较湍急、多在砾石或乱石滩上。产黏性卵，约7～10天孵化出苗。孵出的仔鱼随江水向下漂流，散布于长江中下游各水域。

经济价值：长江上游重要经济鱼类。

分布范围：广泛分布于长江水系，但主要栖息地在长江上游。

濒危等级：易危（VU），水利工程拦坝严重影响鱼类繁殖是本种致危的主要原因。

保护级别：国家二级。

（2）长薄鳅（图7.11）。

图7.11 长薄鳅

分类地位：鲤形目、鳅科、沙鳅科、薄鳅属。

生态习性：沙鳅科鱼类中个体最大、生长最快的种类。生活于江河中上游，水流较急的河滩、溪涧。常集群在水底砂砾间或岩石缝隙中活动，为河流型底层鱼类。江河涨水时有溯水上游习性。肉食性，以底层小鱼为主食。3龄成熟，繁殖期主要在3～5月份，产漂流性卵，卵随水流漂流发育，至仔鱼平游需要84 h。

经济价值：食用性、观赏性。

分布范围：长江上游特有鱼类，在长江上游各大型支流均有分布。

濒危等级：易危（VU），水域生态环境严重破坏和捕捞过度是种群明显下降的原因。

保护级别：国家二级。

（3）长鳍吻鮈（图7.12）。

分类地位：鲤形目、鲤科、鮈亚科、吻鮈属。

生态习性：底栖性鱼类，喜在乱石交错、急流险滩的江底活动。繁殖期集群，平时则分散活动。春夏季节其活动范围广泛，常在急流险滩，峡谷深沱、支流出口觅食。繁殖季节集群在流水滩上产卵。秋冬季节，因水温降低，逐渐游向峡谷深沱越冬。以动物食性为主，主要食物是淡水壳菜、河蚬和水生昆虫，主要摄食期为3～9月。冬季及繁殖季节均无停食现象。

图 7.12　长鳍吻鮈

长鳍吻鮈3 龄以上达性成熟。性成熟最小个体：雄鱼体长 165 mm，体重 50 g；雌鱼体长 190 mm，体重 125 g。长鳍吻鮈产卵期为 3 月下旬至 4 月下旬，产卵水温 17～19.2℃。产卵场底质为砂、卵石，水深 0.5～1.0 m。长鳍吻鮈繁殖群体在流水滩处产卵。卵膜透明，无黏性，产卵类型和特性与铜鱼相似，属漂流性卵类型，受精卵随水漂流发育。

经济价值：长江上游重要经济鱼类。在长江干流和岷江支流的数量较多，一些江段（长江江津段）常形成渔业。

分布范围：长江上游特有鱼类。分布于长江干流、岷江、沱江、嘉陵江、大渡河、金沙江等水系。

濒危等级：低危。

保护级别：国级二级。

（4）异鳔鳅鮀（图 7.13）。

图 7.13　异鳔鳅鮀

分类地位：鲤形目、鲤科、鳅鮀亚科、异鳔鳅鮀属。

生态习性：小型底栖鱼类，通常生活在江河流水处底层的沙石面上，主要以底栖无脊椎动物为食。产漂流性卵。

分布范围：长江上游特有鱼类。

濒危等级：未列入。

保护级别：尚未达到保护级别。

（5）唇䱻（图 7.14）。

图 7.14 唇䱻

分类地位：鲤形目、鲤科、鮈亚科、䱻属。

生态习性：唇䱻喜生活于水温较低的水域中，属中下层鱼类，多见于河流上游多岩石、缝隙处。动物食性，以水生昆虫、小虾和软体动物为食。2 龄可达性成熟，繁殖季节在 4～5 月。体长 140 mm 以下的幼鱼具有 7～10 个明显黑斑，背鳍和尾鳍上有许多小黑点；140 mm 以上的个体斑块消退。

经济价值：个体较大、生长缓慢、数量不多。

分布范围：除西部高原区外，长江上游各水系均有分布。

濒危等级：未列入。

保护级别：未列入。

（6）蛇鮈（图 7.15）。

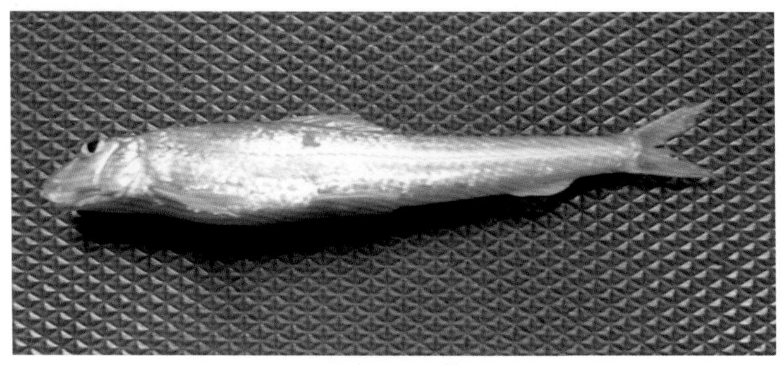

图 7.15 蛇鮈

分类地位：鲤形目、鲤科、鮈亚科、蛇鮈属。

生态习性：为栖息于江河、湖泊的中下层小型鱼类，喜生活于缓水沙底处，夏季可进入大湖肥育。主要摄取水生昆虫及底细无脊椎动物，也食水草、藻类和植物碎屑。1

龄达性成熟，雌鱼一般体长 106 mm 可达性成熟，繁殖期在 4～5 月，产漂流性卵，随水漂流发育孵化。

经济价值：个体不大，生长慢，但数量较多，有一定的经济价值。

分布范围：广泛分布于长江干流、嘉陵江、岷江、沱江、金沙江下游等水系。在长江流域中下游也有分布。

濒危等级：未列入。

保护级别：未列入。

（7）四川白甲鱼（图 7.16）。

图 7.16 四川白甲鱼

分类地位：鲤形目、鲤科、鲃亚科、白甲鱼属。

生态习性：底栖性鱼类，喜生活在多沙石的流水河段中，以下颌前缘锋利的角质刮取周丛生物为食，主要是硅藻类植物，也喜食植物性碎屑。越冬期间并不完全停食。白甲鱼雄鱼 3 龄、雌鱼 4 龄达性成熟。繁殖季节在 4～5 月。常在急流浅滩上产卵，卵具黏性，附着在砾石上发育。繁殖季节，雄鱼吻部、胸鳍、臀鳍上具有白色珠星，雌鱼不明显。

经济价值：地区重要经济鱼类，肉质鲜美、群众喜食。但目前数量较少、个体明显变小，渔业资源堪忧。

分布范围：长江上游特有鱼类。分布于岷江、嘉陵江水系，大渡河和雅砻江中、下游。

濒危等级：未列入。

保护级别：国家二级。

2. 流速设计

通常，由于底栖性鱼类攀爬能力较强，在考虑水流流态方面应更多地关注游泳能力较弱的鱼类；小型鱼类或幼鱼需求的流速条件会比大型鱼类或成鱼苛刻；大型鱼类或较敏感的鱼类，会比小型鱼类或幼鱼对于鱼道内的流量或水深需求更苛刻。

1）过鱼孔尺寸

过鱼设施中过鱼孔口的尺寸主要和过鱼对象的最大尺寸有关，安谷水电站过鱼设施主要过鱼对象以胭脂鱼个体最大，性成熟个体体长可达 1 m 左右，根据过鱼设施一般设计要求，过鱼孔口的高度和宽度最小对象不应小于过鱼对象最大体长的 1/2。因此，要求过鱼设施过鱼孔口的宽度和高度应大于等于 0.5 m，而考虑到胭脂鱼的体形为侧扁形，且其大规格成鱼已多年未见，其孔口宽度下限可适当调整为 0.4～0.5 m。过鱼池基本水深应超过鱼体加上背鳍高度的两倍，对于背部较高的胭脂鱼而言，对过鱼池深度的要求为大于等于 1.5 m。

2）过鱼孔流速

鱼类通过过鱼孔口或竖缝一般都是以高速冲刺的形式短时间通过，通过高流速区时间一般在 5～20 s，通过后，鱼类会寻找缓流区或回水区进行休息。学者通过研究发现鱼类通过竖缝式鱼道的竖缝时运用突进游泳速度，直至疲劳才会停下来休息。安谷水电站过鱼设施上下游水头差为 4.35 m，为短距离鱼道，鱼类以突进速度通过竖缝，所以竖缝流速主要参考鱼类突进速度。因为边壁及底部的摩阻，一般在过鱼孔口处流速分布均存在一定梯度，孔边壁及底部流速低于过鱼孔口中心流速，游泳能力较弱的鱼类可以利用此区域通过。所以过鱼孔口流速设计的边界条件范围在 1.0～1.2 m/s，高流速区流速可适当放宽至 1.4～1.5 m/s。

3）进口流速

为保证过鱼设施进口对鱼类的吸引作用，将感应速度上限值作为进口流速最低流速设计值，此工况一般为下游水位最高的工况。因此，过鱼设施进口流速应保证过鱼季节各种水情下进口流速大于等于 0.2 m/s。

而对于鱼类，一般最佳的诱鱼流速为临界游速～突进游速，其中流速越高，其对水流的影响范围就越大。综合考虑，进口流速建议值范围为 0.7～1.5 m/s。特殊水情下可采取相应的补水措施提高诱鱼效果。

3. 结构设计

1）通道结构

（1）平铺石块式。仿自然通道底部平铺不同大小的石块，以底部沿程摩阻起到降低流速的目的。根据铺设石块大小的不同又分为堆石结构和嵌石结构两种类型，如图 7.17 所示。

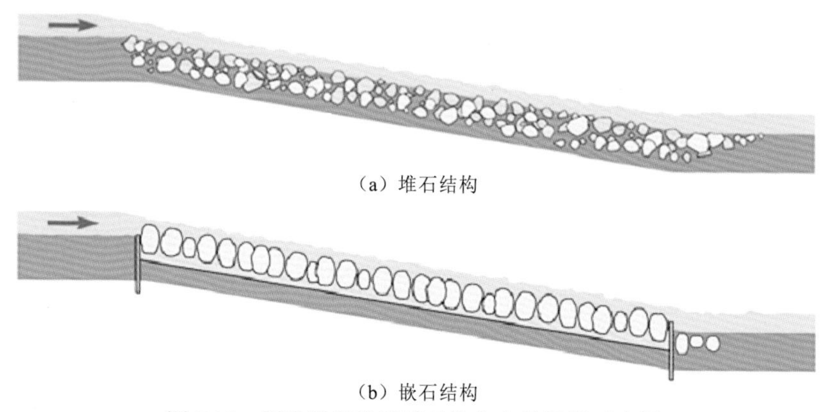

（a）堆石结构

（b）嵌石结构

图 7.17 两种类型的平铺石块仿自然通道示意图

（2）交错石块式。在仿自然通道底部铺设碎石块的同时，沿程设置大石块，束窄过水断面，产生局部跌水和水流对冲以消能及减缓流速，如图 7.18 所示。

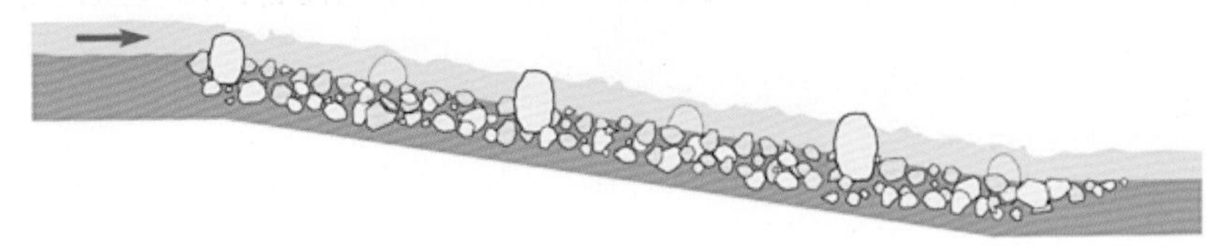

图 7.18 交错石块仿自然通道示意图

（3）池堰式。在仿自然通道中使用石块将通道分隔成一个个小的水池，通过局部跌水消能并降低流速，如图 7.19 所示。

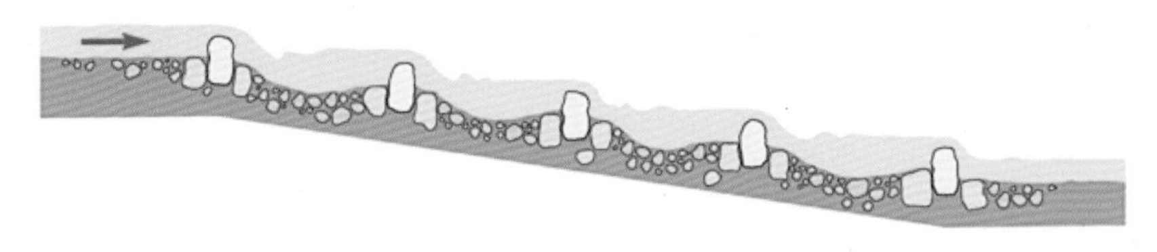

图 7.19 池堰式仿自然通道示意图

以上三种仿自然通道形式各有特点，适用在不同条件下，三种通道结构优缺点如表 7.5 所示。

表 7.5 三种仿自然通道形式优缺点

通道形式	优点	缺点	适用范围
平铺石块式	①结构简单 ②水流方向较明确	①消能效果较弱 ②水位变动适应能力弱 ③水深较浅	水头差较小、水位变动不大的工程，如溢流坝等
交错石块式	①过水断面深度较深 ②能适应相对较大的水位变动	结构不够稳定	适应水位变化范围相对较大，应用范围较广
池堰式	消能效果较好	水位变动适应能力弱	上下游水位较稳定，过鱼对象为跳跃能力较强的鱼类

安谷水电站上下游水位尤其是上游水位存在一定的变化幅度，三种结构样式中，只有交错石块仿自然通道较为适应这样的水位变化，所以采用交错石块的通道结构。

2）规模尺寸

仿自然通道采取交错石块式，通道间使用石块形成障碍物以消能减缓流速，底宽约 4.0 m，表面宽约 12.0 m，水深约 1.5～2.0 m，通道纵坡坡度 1%，通道结构如图 7.20、图 7.21 所示，主要参数值见表 7.6。

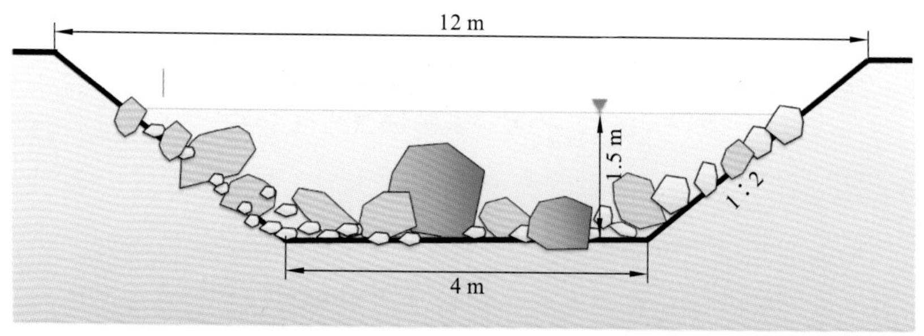

图 7.20 仿自然通道横剖面示意图

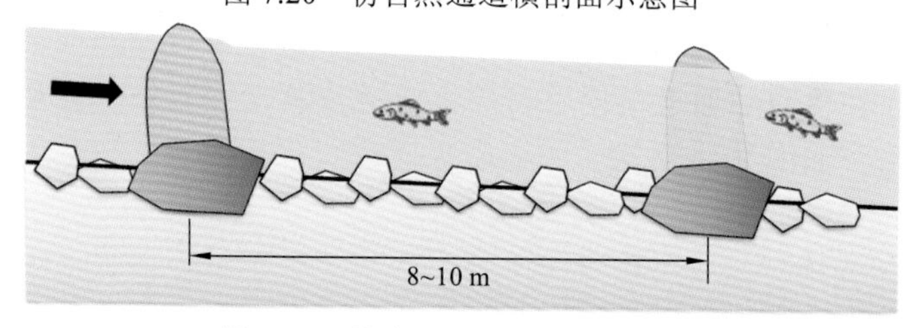

图 7.21 仿自然通道纵剖面示意图

表 7.6 仿自然通道主要结构参数一览表

	项目	单位	指标	备注
池室结构	隔板样式		交错石块式	
	池室长度	m	8.00～10.00	有效尺度
	底宽	m	4.00	
	水面宽度	m	10.00～12.00	正常运行状态
	运行水深	m	1.50～2.00	正常运行水深
	池间落差	m	0.08～0.10	
	池室数量	个	50	
	总长度	m	500.00	
	休息池	个	2	不规则大型休息池
	底坡		1/100	
进出口	进口底板高程	m	393.00	
	出口底板高程	m	397.80	

注：以上参数均为理论计算值，正式设计时应经过模拟试验结果进行验证、优化后方可使用。

4. 附属设施

1）观察室

仿自然通道设有观察室，观察室设在过鱼通道出口处，用以统计成功上溯的鱼类种类和数量，评估过鱼设施的过鱼效果，以便将来改进过鱼设施的结构，改善过鱼效果（图 7.22）。

图 7.22 观察室实景图

观察室为两层，地上一层，地下一层，上层为参观陈列室，游客可通过投影电视现场观看到过鱼设施中鱼类的洄游情况，四周墙壁上可陈列主要洄游鱼类的简要介绍。地下一层为仿自然通道观察室，主要用来放置摄像机、电子计数器等设备。底层不设亮窗，用绿色或蓝色防水灯照明。在过鱼设施侧壁上设有两个玻璃观察窗，用来观察鱼类的洄游情况，电子计数器用来记录洄游鱼类的种类及数量，摄像机可将鱼类通过过鱼设施的实况录制下来，供有关人员及游客观看，也可为今后对鱼类的洄游规律和生活习性的研究以及过鱼设施的建造提供参考。

观察室观察窗材质为钢化玻璃或其他透明材料，但需贴上一种半透明膜，使观察者能够看到过鱼设施中的鱼类，而鱼类看不到观察窗外的人，以免鱼类受到惊吓和干扰。观察室尽量减少人工照明，不宜用大窗采光，光源颜色尽量选择绿色和蓝色，且光强不能太强。过鱼通道内需配备可调节的水下照明工具。

过鱼通道内设有水下摄像机，用以计数，同时观察鱼在通道中的姿态，判断鱼类对通道的适应能力和疲劳程度，观察计数系统结构见图 7.23。

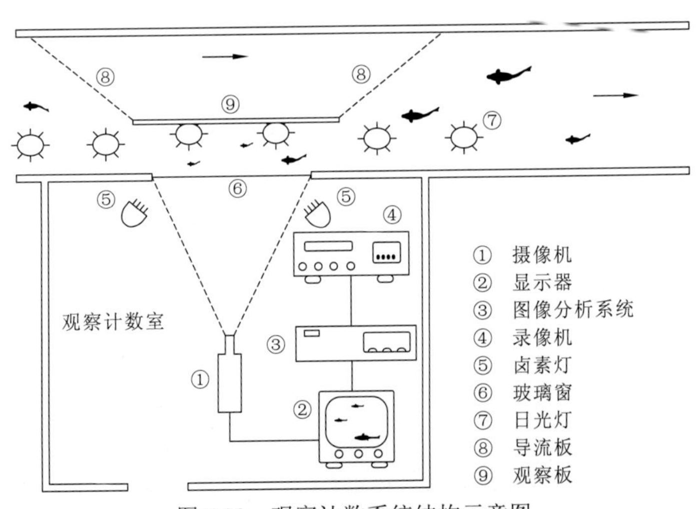

图 7.23 观察计数系统结构示意图

2）防护栏

鱼道两侧设置防护栏，可避免杂物从鱼道两侧落入鱼道，同时对人员起到安全防护作用，防护栏要求不低于 1 m。

3）拦鱼设施

由于安谷水电站下游泄洪渠及尾水渠均为人工渠道，断面大多为几何断面，水流较为单一，且食物匮乏，所以鱼类不适宜进入其中栖息，而且为使上溯的鱼类能够进入左侧河道进而通过仿自然通道上溯，在泄洪渠及尾水渠设置拦鱼导鱼设施，用以将上溯的鱼类引导至左侧河道当中。

目前运用到各水利工程的拦鱼设施主要有网栏、铁（竹）栅栏及电赶拦鱼机等，其中物理拦鱼栅的效果最稳定，拦鱼效果较好，但需要定期维护；电赶拦鱼机具有排污力强、管理方便、不影响过水流量等特点，近年来在我国一些水利工程及鱼道工程中都有采用。安谷水电站中采用的拦鱼设施布置见图 7.24。

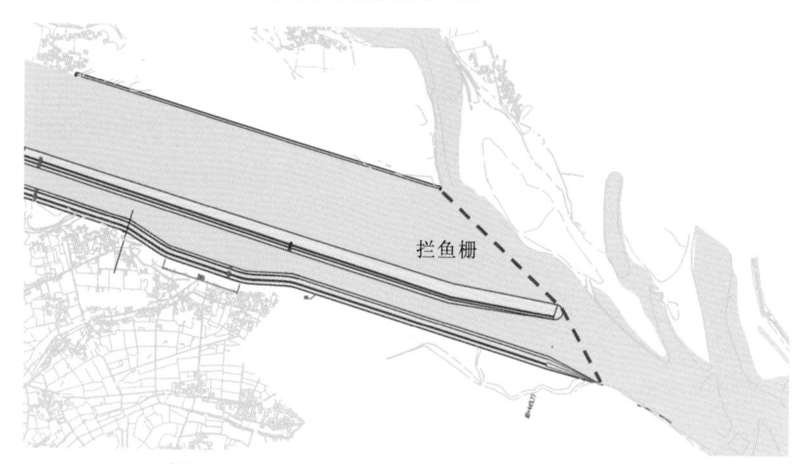

图 7.24　泄洪渠及尾水渠拦鱼设施布置示意图

第8章

大渡河河口仿自然水文过程模拟技术研究与实践

8.1 仿自然水文过程生态调度技术发展与实践

水库的兴建是一把双刃剑，在发挥防洪与兴利效益的同时也对河流生态系统产生了一定的负面影响。其中，水库的调度改变了河流的流量和原有的季节分配，使水文过程趋于均一化，与流量相关的若干河流的生态环境因子也随之改变，这直接或间接影响河流重要生物资源的栖息生境，从而改变生物群落的结构、组成、分布特征、生产力以及生物资源的多样性[61]。

水库的生态调度除考虑防洪、发电、航运等效益外，还把保护河流生态系统健康作为调度目标之一，通过合理统一的调度，将水库对河流生态系统的不利影响降到最低程度，促进河流复合生态系统朝着有利于生物演替的方向发展[62]。

早在 20 世纪 70 年代国外就开始了关于水库对生态环境不利影响的系统研究。国外学者广泛开展了减轻水库对生态环境不利影响的实践活动，对相关理论和技术进行了大量的实证性研究，包括水库对河流生态环境系统，特别是某些生物的扰动机理；满足下游生态要求的流量过程；水库调度规则的生态改善及效果评估[63]。并提出水利工程建设应维持河川的生态多样性等。Junk[64]在研究洪泛区物种多样性时第一次提出了洪水脉冲的概念。

20 世纪 80 年代中期，欧美一些发达国家的管理和决策部门为减少水库对生态环境的不利影响，对水库的调度运行方式进行了调整，在保证航运、防洪、发电等原有重要功能的同时，将生态需求也作为水库调度的目标之一，通过水库的生态调度，修复河流自然径流过程，以改善鱼类和其他野生动物的生存状况。水库生态环境调度的研究大多建立在河道生态流量的基础上。张洪波[65]认为河流生态需水是水库生态调度的基础，只有明确了河流生态要素对水的需求规律，才可能提出科学合理的水库生态调度方案。

国外发达国家进行了很多通过改变水库的泄流量、泄流方式和泄流时间以改善河流生态环境的实践，有很多值得借鉴的经验。如乌克兰德涅斯特罗夫水库为改善水质实施的生态放水试验[66]；美国的罗阿诺克河以满足鲈鱼产卵期内流量大小和变幅对水库运行方式进行的部分调整[67]；美国大古力水坝将溯河产卵鱼类问题作为流域管理的主要问题[68]；科罗拉多河开展了包括洪水试验、夏季稳定低流量试验以及脉动水流试验等多次河流生态流量试验[67,69]；美国田纳西河流域管理局对其管理的 20 个水库的调度方式的优化[70-71]；美国萨瓦纳河以修复河道、洪泛区和河口栖息地为生态调度目标进行的多次环境水流试验[72]；澳大利亚要求每个州和地区都要对“水依赖的生态系统”做出评价，并且提出水的永续利用和恢复生态系统的分配方案[73]；俄罗斯的伏尔加河每逢春季模拟春汛向大坝下游进行专用性放水[74]；日本河川审议会提出了《未来日本河川应有的环境状态》，指出推进“保护生物的多样生息、生育环境”“确保水循环系统健全”“重构河川和地域的关系”的必要性[68]。此外，巴西图库鲁伊水电站水库的调度在满足大坝下游航运条件的同时为避免给堤岸生态群落造成伤害，而对水电站运行的最高水位进行了限制；非洲南部津巴布韦奥济河的奥斯伯恩水库运用 Desktop 模型估算河流的生态环境需水流量，为水库调度提供了切实可行的指导[75]。以上这些都是国外在生态调度方面及相关领域开展的一些成功案例。

在国内，对于水库生态调度的研究及应用实践相对较晚，是近几十年与河流健康的概念一起被提出，作为一种河流生态修复和维持河流健康的非工程手段而被广泛关注。国内在水库生态调度理论研究方面，许多专家学者已经进行了基础性研究，对未来的水库调度的实施起到了指导作用。20 世纪 90 年代，水利部太湖流域管理局开展以改善太湖水质为目标的“引江济太”工程，通过将长江水引入太湖，有效改善了太湖流域的水环境质量，缓解了周边地区的用水紧张状况[76]。水利部黄河水利委员会早在 1964 年就利用三门峡水库进行了两次人造洪峰试验，2002 年又利用小浪底水库进行了弃电供水、调水调沙试验，减轻下游河道的泥沙淤积。丹江口水库在综合考量汉江中下游生态环境需水的基础上，拟定了水库的最小下泄流量，通过加大枯季泄水，有效控制了汉江下游水体的富营养化[77-78]。长江流域在规划金沙江中游水电工程时，明确提出发电流量不得低于生态基础流量，以满足下游基本生态需水和景观要求。2001 年，黑河流域中游 8 处取水口“全线闭口，集中下泄”，分水至下游额济纳旗，滋润林草地，挽救胡杨树，干涸十年之久的黑河重现波涛[79-80]。吉林丰满水库下游的松花江污染比较严重，在满足容量平衡的前提下，通过调整枯水期的运行方式，适当加大丰满水库 12 月至次年 3 月的平均下泄流量，改善了下游的水质[81]。另外，为控制珠江口咸水倒灌，珠江上游多级水库的联合调度[82]，淮河、沙颍河闸坝联合防污调度，以及为遏制塔里木河下游生态环境恶化而进行的生态应急输水[78]等均取得了一定成效。

整体上看，我国水库生态调度还处于理论研究和探索阶段。目前国内水利工程的水库调度基本上是以防洪、发电和改善航运为主，适当兼顾水产、旅游，以及改善中下游水质等要求，对河流生态系统的影响在现行的水库调度中还没有获得更多关注[83]。国外方法虽然较为成熟，但与我国的地域差异、发展观念和现实条件相差较大，能适用我国河流特点和基本国情的科学方法较少，有待补充与发展[65]。

水库的生态调度分类——依据水库生态调度的对象和目标，可以将生态调度大体划分为以下几种。

（1）生态需水量调度。生态需水量调度是指以满足河流生态需水量为目的大坝下泄流量，包括维持河流一定自净能力的水量、防止河流断流和河道萎缩的水量、保持河流连接的湖泊和湿地的基本功能的水量、维持河口生态及河流水生生物繁衍生存的必要水量等[65]。通过保持河流适宜生态径流量、全年避免下泄水量低于最小生态流量或枯水季节高于最大生态流量的调度运行方式来实现生态调度[84]。

（2）模拟生态洪水过程调度。洪水已成为河流生态系统良性运转中不可缺少的客观条件。洪水为许多重要生物繁殖、产卵和生长创造了适宜的水文和水利条件[85-88]。通过研究水库建设前水文情势，包括流量丰枯变化形态、季节性洪水峰谷形态、洪水过程等因素对生物的产卵、育肥、洄游等生命过程的影响，分析水库建成后由于水文情势变化产生的不利影响。通过人工调度的方式模拟“人造洪水”[89-90]为重要生物的繁殖创造有利条件，同时防止灾害洪水脉冲发生，维持洪泛区生态系统的平衡。

（3）控制泥沙调度。“蓄清排浊”或适时降低汛限水位以防止水库淤积，控制河床抬高或冲刷、保持一定的河势稳定，维持河流水沙平衡。泥沙调度一般与洪水调度紧密相关。

（4）防治水污染调度。防治水污染调度是为应对突发河流污染事故，防止水体富营养化与水华的发生，控制河口咸潮入侵等而进行的水库调度。

（5）生态因子调度。生态因子调度是对单项的生态因子如水温、营养盐、溶解氧、pH、透明度等进行的调节调度。

根据安谷水电站工程特性及其水库运行调度方式，对其水库的生态调度措施主要考虑模拟天然水文过程和生态洪水过程的调度以及生态需水量的调度。

8.2 大渡河河口天然水文过程特征

大渡河河口天然水文特征以大渡河河口福禄水文站2002年至2009年的逐日水位、流量数据为基础，分析大渡河河口段的最小和最大生态流量、年内和年际水文分布特征以及日内水文指标特征。

8.2.1 天然河流最小和最大生态流量

最小生态流量是保证水生生物可恢复的最低生存条件，而不致引起生态系统的退化，所以它的值应该是天然状态下水生生物所可耐受的干旱极限。一般选用河流生态系统没有发生退化的时期作为代表期，在代表期里发生在一定忍受期（如月、旬或日）内的历史最小流量可作为该时段的最小生态流量。

本小节以历史流量相关资料为基础，采用较快捷、方便、操作简单的方法提出河口的最小生态流量，其计算公式为

$$Q_{\min,\ t}=\min(k_1 Q_{t,\ i}) \qquad i=(1,\ 2,\ 3,\ \cdots,\ n)$$

式中：$Q_{\min,t}$代表相应t时段的最小生态流量；$Q_{t,i}$为相应t时段的第i流量值；k_1代表根据河流的等级、功能保护区的重要性和污染程度及修复的目标要求综合确定的参数，一般没有污染的河流，k_1可取为1；n代表河流生态系统没有发生退化的流量资料系列年数。

最大生态流量。在枯季，水库下泄流量较天然情况增加，这种变化将影响中下游平原区的枯季自流排水和地下水位等。最大生态流量计算公式为

$$Q_{\max,\ t}=\max(k_4 Q_{t,\ i}) \quad i=(1,\ 2,\ 3,\ \cdots,\ n)$$

式中：$Q_{\max,t}$代表相应t时段的最大生态流量；$Q_{t,i}$代表相应t时段的第i流量值；k_4代表根据保护目标和航运的要求放大或缩小的权重系数，其中k_4取为1；n代表河流生态系统没有发生退化的流量资料系列年数。

统计福禄水文站2002年至2009年每日最小生态流量与最大生态流量，如图8.1所示。

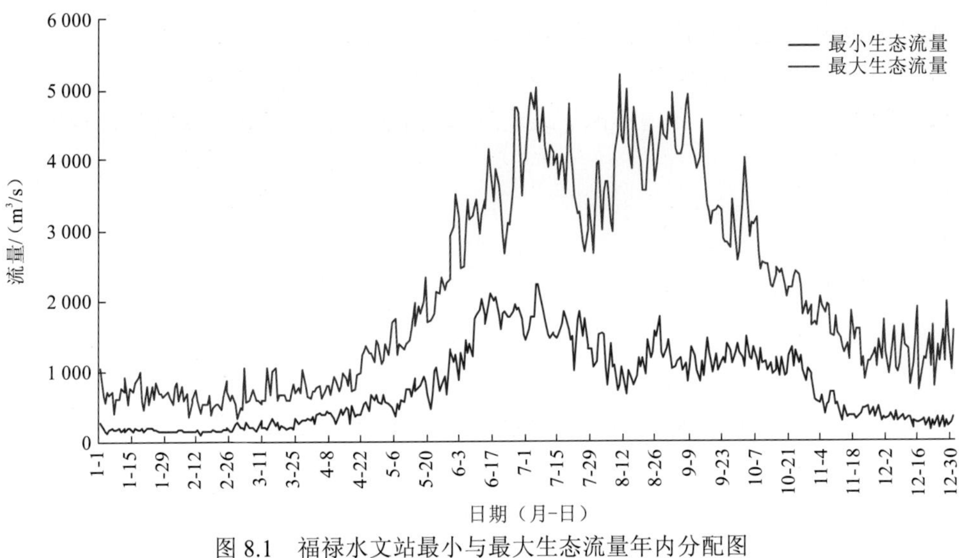

图 8.1 福禄水文站最小与最大生态流量年内分配图

8.2.2 天然河流年内水文过程节律

1. 年内水文分配过程

统计福禄水文站 2004～2009 年每日的平均流量与水位，结果如图 8.2、图 8.3 所示。

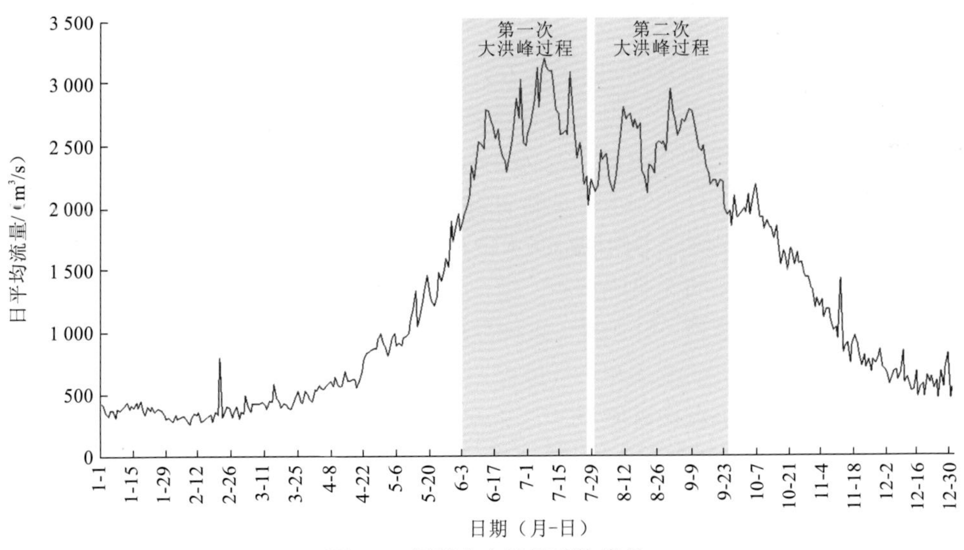

图 8.2 福禄水文站日平均流量

根据大渡河河口福禄水文站年内水文过程线分布图可以看出，大渡河河口段年内流量和水位的变化趋势基本一致，2 月上旬日平均流量和水位达到最低，之后逐渐上升，至 7 月上旬达到高峰。一年内有两个大洪峰的涨落过程，每次持续时间约为 2 个月。6 月初至 7 月底为第一次大洪峰过程，其间，涨落水过程变化明显，通常落水持续时间短

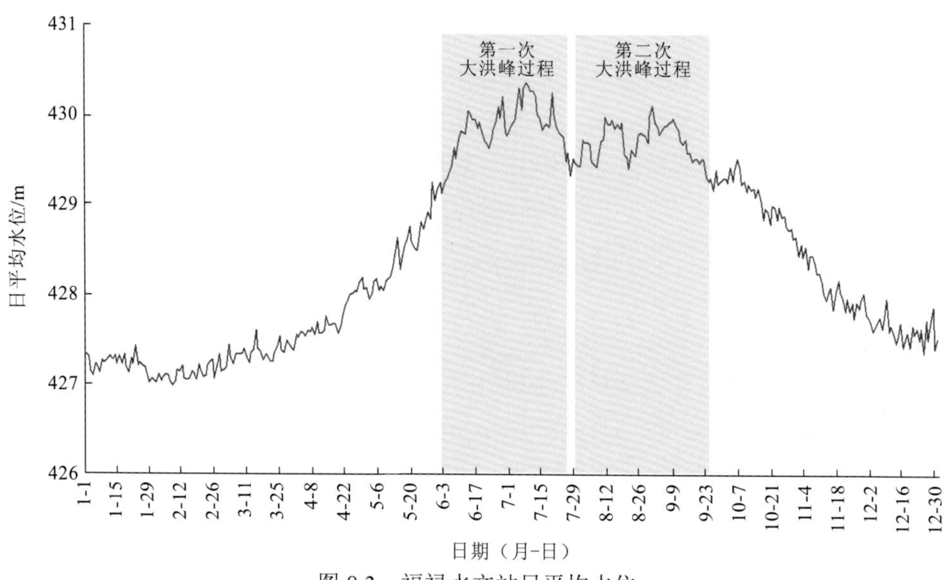

图 8.3 福禄水文站日平均水位

促，涨水迅速且持续时间较长；8 月初至 9 月底为第二次大洪峰过程，其间，从 7 月底较低的日平均流量和水位，缓慢地增长至一次长时间持续的较高日平均流量和水位过程，之后迅速降水，至 8 月底日平均流量和水位开始较缓慢地增长，至 9 月初达到较高的水平，短时间内便开始持续的缓慢降水过程直至 9 月下旬。其后，9 月下旬至 10 月上旬，日平均流量和水位缓慢增长，但涨幅较小，之后便迅速开始下降，且呈持续的下降趋势直至 2 月上旬，之后又缓慢持续增长至 6 月初的洪峰来临。

总体上看，大渡河河口年内丰水期（6 月至 10 月）与枯水期（11 月至次年 5 月）水量分配差异明显。根据 2002 年至 2009 年大渡河河口福禄水文站日平均流量和水位的统计结果，大渡河河口段日平均流量最高为 3 200 m^3/s，日平均流量最低为 254 m^3/s，日平均水位最低为 426.98 m，日平均水位最高为 430.37 m，可见，河口丰水期最高流量可达到枯水期最低流量的 12.60 倍，丰水期最高水位可高于枯水期最低水位 3.39 m。且 6 月至 9 月的汛期期间有两个明显的大洪峰过程，第一次大洪峰过程涨水明显，降水持续时间短，流量和水位达到年内最高值；第二次大洪峰过程流量和水位仍能涨到较高的水平，起初有一个较长时间持续的较高的流量和水位过程，之后经过一个较短的涨水过程，便开始进入持续的落水过程，整个汛期接近尾声。

2. 年内极值水文出现时间

统计福禄水文站 2002 年至 2009 年最高流量、水位与最低流量、水位发生的日期，结果如图 8.4、图 8.5 所示。

根据大渡河河口福禄水文站年内流量和水位极值的分布规律，福禄水文站流量和水位极值出现日期变化趋势完全一致。其流量和水位最低值出现日期集中分布在 1 月中旬至 3 月中旬，流量和水位的最高值出现日期集中分布在 6 月中旬至 9 月中旬。

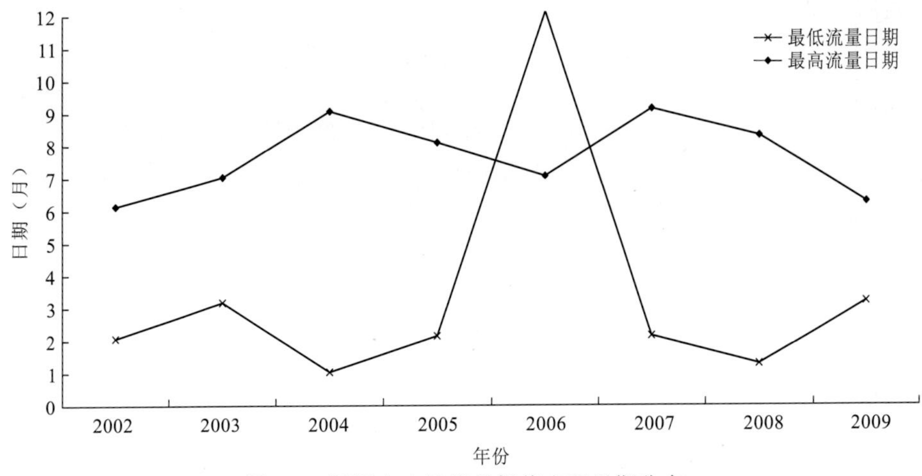

图 8.4 福禄水文站流量极值出现日期分布

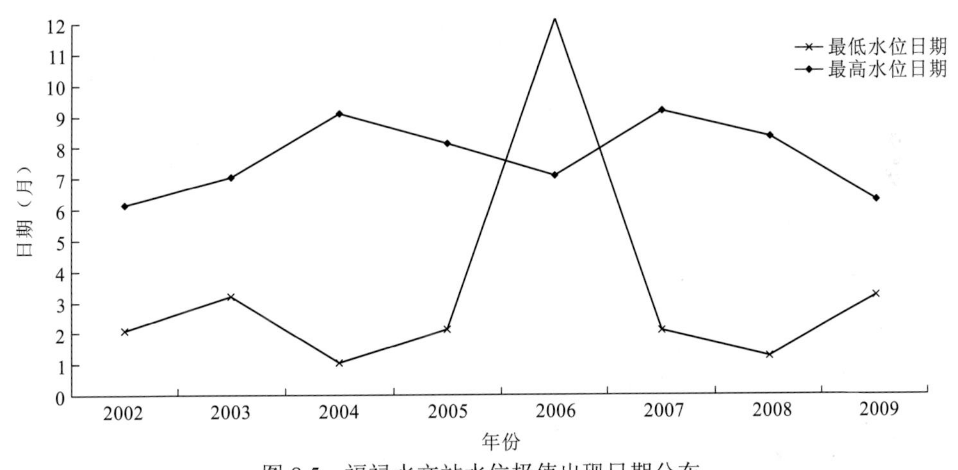

图 8.5 福禄水文站水位极值出现日期分布

8.2.3 天然河流年际水文过程节律

1. 典型年水文分配过程

根据福禄水文站水文数据中的丰水年（频率 P=10%）、平水年（频率 P=50%）、枯水年（频率 P=90%）的典型年分析其水文节律的分配规律。

各典型年流量、水位分配过程如图 8.6、图 8.7 所示。

从大渡河河口河流典型年流量、水位的分配过程线可以看出，大渡河河口丰水年、平水年和枯水年的枯水期为 11 月至次年 5 月，枯水期各典型年的流量、水位差异不明显，不同典型年流量和水位的差异主要体现在丰水期（6 月至 9 月）。

丰水期（6 月至 9 月），各典型年均出现两次大洪峰过程。在此期间，丰水年与平水年的变化趋势较接近，均为第二次大洪峰过程流量达到全年最高。而在丰水期，丰水年的流量较平水年稍高，另外，对于第二次大洪峰过程，丰水年在 8 月中旬达到流量的最

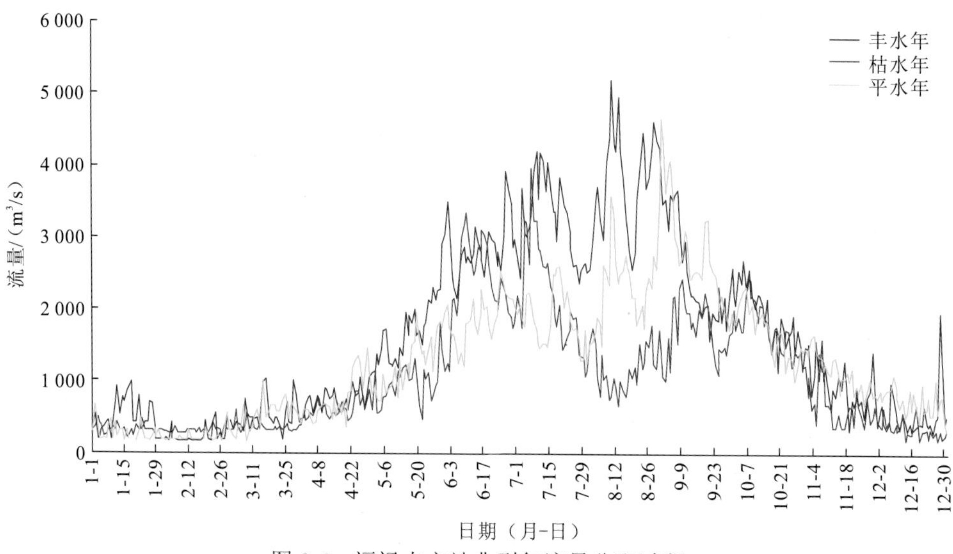

图 8.6　福禄水文站典型年流量分配过程

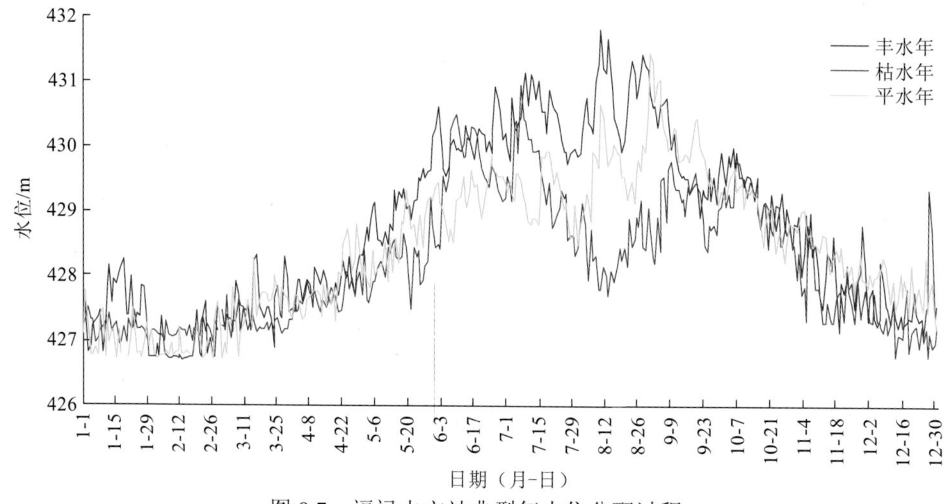

图 8.7　福禄水文站典型年水位分配过程

高峰，平水年则在 9 月上旬达到流量的最高峰，平水年流量最高峰出现时间较丰水年延后 20 多天。

丰水期（6 月至 9 月），枯水年流量分配过程与丰水年和平水年有明显不同。枯水年年内流量最高峰的出现时间不同于丰水年和平水年，而是出现在 6～7 月的第一次大洪峰过程中。且枯水年第一次大洪峰过程的流量增长明显，超过了平水年，接近甚至超过了丰水年。但枯水年第二次大洪峰过程流量较第一次大洪峰过程明显降低，其流量也远低于丰水年和平水年。从时间上看，枯水年第二次大洪峰峰值出现时间较丰水年和平水年推迟 1 个月左右。

2. 年际水文交替周期

统计福禄水文站 2002～2009 年年平均流量和水位，结果如图 8.8、图 8.9 所示。

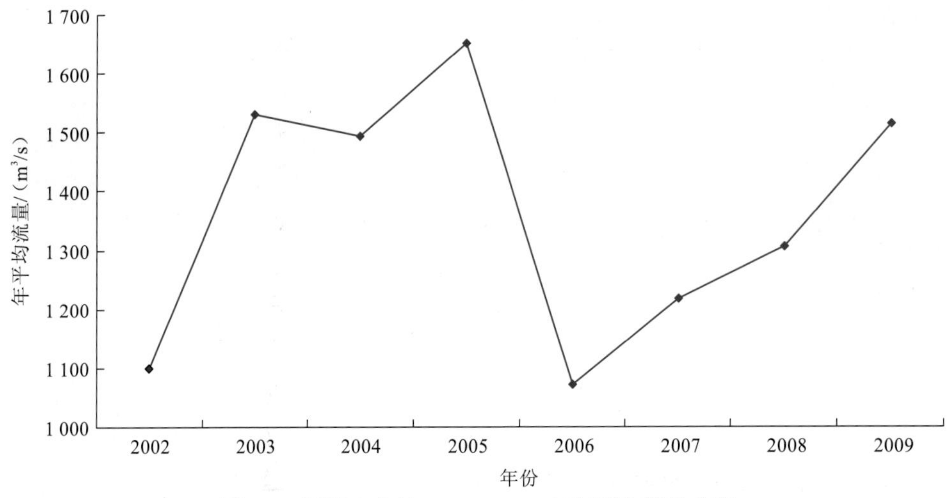

图 8.8　福禄水文站 2002～2009 年年平均流量分配

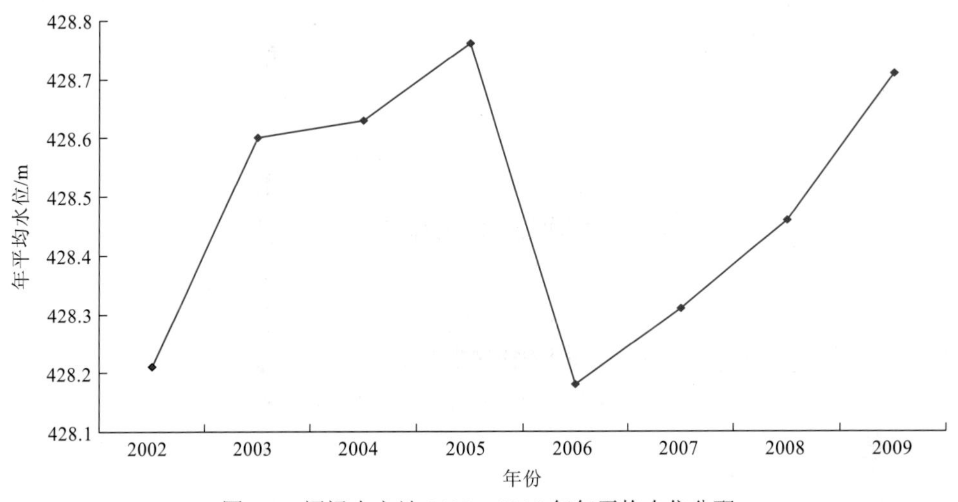

图 8.9　福禄水文站 2002～2009 年年平均水位分配

根据大渡河河口流量和水位的年际变化趋势，大渡河河口流量和水位年际间的变化趋势基本一致，年均流量和水位均以 2006 年最低，2005 年最高。仅在 2004 年年均流量稍低于 2003 年年均流量，而 2004 年年均水位则稍高于 2003 年年均水位。

根据大渡河河口流量和水位年际间的变化趋势可以预测大渡河河口每个枯水年将历经 3 年左右的变化周期达到下一次丰水年。

8.2.4　天然河流日水文指标特征

统计福禄水文站 2002～2009 年流量和水位，包括日值、日内最小值、日内最大值、日内变幅（绝对值）、日间变幅（绝对值）等指标，结果见表 8.1。

表 8.1　福禄水文站日水文指标

水文指标	流量/（m^3/s）		水位/m	
	范围	平均值	范围	平均值
日值	117～5 196	1 361	426.66～431.83	428.48
日内最小值	108～4 530	1 532	426.32～431.38	428.75
日内最大值	311～5 720	2 350	427.15～432.07	429.61
日内变幅	10～3 220	819	0.01～2.67	0.86
日间变幅	0～2 453	207	0～1.87	0.25

根据大渡河河口日水文指标的研究结果，2002 年至 2009 年大渡河河口日流量变化范围为 117～5 196 m^3/s，水位变化范围为 426.66～431.83 m，可见年内最低日流量、水位与最高日流量、水位差异大，最高日流量是最低日流量的 44 倍，最高日水位比最低日水位高 5.17 m，显示出河口年内丰水期和枯水期流量的明显差异；日内流量变幅为 10～3 220 m^3/s，水位变幅为 0.01～2.67 m，可见河口日内流量、水位变幅波动较大，主要是由于枯水期日内流量和水位变幅小，丰水期日内流量和水位变幅较大，枯水期日间流量和水位变幅小，丰水期日间流量和水位变幅较大。

另外，由于水位各指标受流量的直接影响，同时又与所在河段的过水断面大小有关，所以，水位指标的分布及变化规律与流量各指标完全吻合，但其变幅没有流量的变幅明显。

总的看来，大渡河河口年内日流量和水位变化明显，丰水期流量和水位明显高于枯水期，且丰水期日间和日内流量、水位的变幅较大，枯水期日间和日内流量、水位的变幅很小，水位指标的年内、日间和日内的变幅远远低于流量指标。

8.2.5　模拟天然水文过程生态调度的约束条件

研究大渡河河口的水文过程规律，以河流的节律过程为目标，提出安谷水电站生态调度的约束条件。

1. 最小和最大生态流量的同时约束

结合大渡河河口天然河流最小生态流量、最大生态流量的特点（图 8.1），提出安谷水电站下泄流量的最大和最小生态流量约束条件。

在所有年份，特别是枯水年份，以及年内的枯水期，安谷水电站下泄流量要避免水库下游出现小于最小生态流量而严重干扰河流生态系统的事件出现。要求水库下泄的流量避免小于历史同期的最小值，即最小生态流量值。

过大的下泄流量将影响下游自流排水和地下水位等，因此必须限制安谷水电站下泄流量不能超过最大生态流量，特别是在枯水期和枯水年，即要求安谷水电站下泄流量不要超过历史同期最大值，即最大生态流量值。

安谷水电站调度运行方式要求其年内调度运行过程线应分布在最小与最大生态流量过程线之间，电站下泄流量不能低于天然河流的最小生态流量，也不能高于天然河流的最大生态流量。

2. 年内水文过程节律的约束

天然河流的年内水文过程节律可以反映出丰、枯水季季节交替出现的规律。完整的河流生态水文过程可由四个水文期：枯水期、涨水期（平水期）、洪水期、退水期（平水期）构成。其变化节律包括天然河流流量的年内分配规律，流量的年内分配用流量过程线来表示，横坐标为时间，纵坐标为相应的流量；以及年内极值水文出现的时间规律。对天然河流年内水文过程节律的研究可以为寻求不同季节下水库泄放流量的规律提供参考。

安谷水电站的调度运行，在年内坝下和闸孔处流量的泄放应尽量接近大渡河河口天然河流水文的年内变化节律。年内小流量的泄放过程应集中在11月至次年5月。年内大流量的泄放过程应集中在6月至9月，其间应制造两次洪峰过程，第一次洪峰过程应达到年内最大下泄流量，流量和水位的增长速率要较第二次洪峰过程大。每次洪峰过程也应能保证一定的持续时间，具体持续时间应在综合考虑生态需求与安谷水电站发电、行洪、航运等功能的需求下开展进一步的研究探讨。

3. 年际水文过程节律的约束

天然河流年际水文过程节律可以反映出丰水年和枯水年交替出现的规律，通常以丰水年、平水年、枯水年定义不同年际的水文变化情况。其变化节律包括丰、枯水年的交替周期，以及不同水平年内天然河流流量的分配规律。根据天然河流年际水文过程节律的研究结果，可以为预测来年或近几年内水库泄放流量水平提供借鉴，并为不同水平年内水库泄放流量的调度过程提供数据参考。

根据大渡河河口河流不同年度水资源的状况，制定动态的生态调度管理目标。

对于上游来水量不同的年份，安谷水电站的调度运行可遵循大渡河河口各典型年流量过程的分配规律来进行。年内的枯水期，第一次大洪峰过程，丰水年安谷水电站的下泄流量应相对较高，平水年应相对较低，而在枯水年此过程下泄的流量应波动较明显。第二次大洪峰过程中，丰水年电站下泄的流量应相对较高，枯水年则较低，且枯水年下泄的流量应明显低于丰水年和平水年。

通过对两次大洪峰过程流量对比，丰水年和平水年安谷水电站下泄流量均应为第二次大洪峰过程下泄流量高于第一次大洪峰过程，而枯水年则应第一次大洪峰下泄流量明显高于第二次大洪峰下泄流量。

从时间上看，各典型年第一次大洪峰过程中安谷水电站下泄流量的高峰值应主要集中在7月中上旬，而对于第二次大洪峰过程中安谷水电站下泄流量的高峰值丰水年应在

8 月中上旬，平水年应在 9 月初，枯水年应在 10 月初，从丰水年、平水年、枯水年依次延后 20～30 天。

4. 日水文指标特征的约束

天然河流日内流量、水位的变化与鱼类的繁殖、洄游等息息相关，同时也对生境条件为浅水区的鱼类产卵场影响明显，特别是日内的落水过程将造成部分浅水区的鱼类产卵场裸露，黏附在产卵场上的鱼卵暴露在水面之上，导致其死亡。对天然河流日内水文过程节律的研究可以为水库泄放流量的日内调度过程进行指导，以进一步减少水库调度对水生态系统的不利影响。

根据大渡河河口日水文指标的特征，安谷水电站的调度运行需要符合天然河流的变化规律，在日内有流量和水位的涨落变化：丰水期日内不同时段水库的下泄流量要有明显的涨落变化，枯水期日内可保持相对平缓、稳定的下泄流量。丰水期特别是汛期两日间水库的下泄流量也要有明显的波动，而枯水期两日间流量、水位的变化可相对平稳。

5. 生态洪水脉冲约束

生态洪水脉冲流量是能有效反映河流的连续性、完整性的能量体现指标。生态调度中对生态洪水脉冲的要求是按自然水文节律，适时出现有效生态洪水过程；峰、量形成中度干扰，不造成灾害。洪水是气候顶级系统作用于下垫面形成的一种自然现象，要维持河流系统的整体动态平衡，河流需要周期性的大流量水分条件。生态洪水脉冲通过洪水的分布、频率、尺度、强度和出现的周期影响景观格局和生态过程，从而破坏生态系统的稳定性，造成生态系统结构和功能的损坏，使河流生态系统处于一种过渡状态，但并没有对河流生态系统形成灾害性的影响。生态洪水脉冲对生态系统的演替起促进或延迟作用，适度干扰生态系统，成就了生态系统的物种多样性。

自然河流生态系统始终处于动态调整过程中。在水资源实际分配中，在一年当中并非所有时段都以某一时期的生态需水为准，而是根据天然流量情势与水生生物生长的对应关系，保持河流的适宜生态流量和一定数量的有效生态洪水脉冲，以维持河流生态系统的整体健康。对其进行生态流量控制的时间特征分析，见表 8.2。

表 8.2　生态流量控制的时间特征分析

生态水文季节	生态流量控制类型	功能分析	时间
枯水期	最小生态流量、最大生态流量	水体生存、生物蛰伏	1～3 月
汛前涨水期	最小生态流量、有效生态洪水脉冲	鱼类产卵、繁殖	4～5 月
汛期	最小生态流量、有效生态洪水脉冲、灾害洪水脉冲	鱼类产卵、繁殖、生物生长、造床输沙、水体连通	6～9 月
汛后退水期	最小生态流量、最大生态流量	水体生存、生物蛰伏	10～12 月

生态水文节律包括枯水期、汛前涨水期、汛期和汛后退水期四个部分，四个部分分别有各种维持生态系统正常状态的生态需水，以避免危急状态出现。将各部分的生态需水耦合，形成具有时间特征的生态标准节律的年内生态需水标准过程线，即“生态标准流量”，可作为河流生态管理水量调度图，如图 8.10 所示。

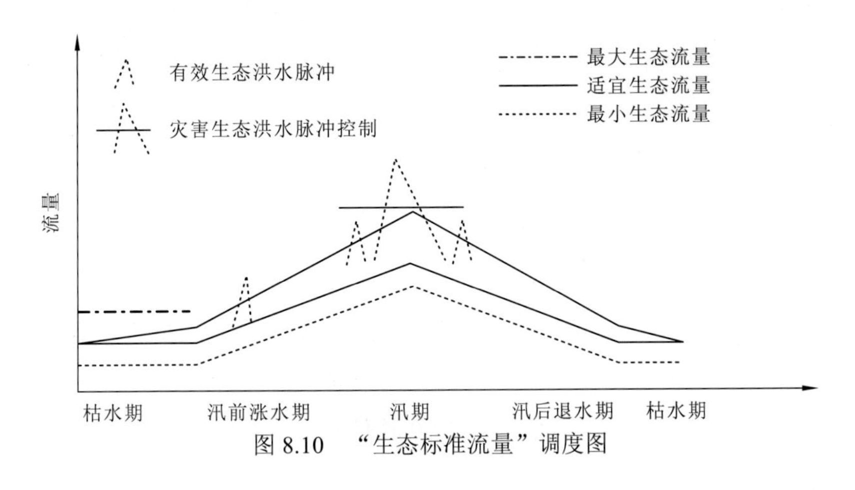

图 8.10 “生态标准流量”调度图

从生态标准流量与天然来水过程看，汛期既要防止灾害洪水脉冲又要造就具有满足鱼类繁殖与河道输沙造床需求的洪水脉冲，同时也要防止为满足工农业和生活用水要求而出现小于最小生态流量的情况；枯水期与汛后退水期需防止小于最小生态流量和大于最大生态流量情况出现；汛前涨水期需生成一定的生态洪水脉冲，为鱼类产卵繁殖提供激发信息。

总之，不同的生态流量过程对河流生态系统保护起到不同的作用：从生态保护角度，最小生态流量是针对保证水生生物可恢复的最低生存需求，不致引起生态系统的退化提出来的，要避免连续出现；适宜生态流量是针对河流生态系统的稳定性和物种多样性提出的能量体现指标，要尽量维持；有效生态洪水脉冲是针对河流的连续性、完整性而提出来的能量体现指标，要按自然水文节律，适时出现有效生态洪水过程以形成中度干扰。

以上指标参数反映了河流生态系统的各种临界条件，对保护水生态系统至关重要，是河流水资源管理的重要标准和依据。

8.3 鱼类繁殖与天然水文过程的耦合关系研究

河流水文情势的节律性变化为鱼类带来了产卵繁殖信号。国外研究表明，水文指标的平均值、极值出现的时间、高脉冲或低脉冲指标的频率与持续时间、指标变化率与频率五个方面与河流生态和生物有高度相关性[91]。国内学者也对鱼类繁殖期水文指标的变化率、持续时间、起始水文指标等进行了研究[92-98]。由于大渡河河口河网密度大，水流复杂，对其各分汊河道流量分配的模拟和计算难度大，不利于对鱼类繁殖与水文情势响应的研究，所以采用参照系统法，选择自然条件与研究河段相似，且未进行人工开发，呈自然状态的河段进行研究，将参照河段鱼类繁殖与水文情势的响应关系研究成果应用于研究河段中。

参照系统法主要是选择同一条河流的良好河段或者自然条件与研究河段相近的其他河流作为参照系统，以参照河流作为研究目标的达标标准或将参照河流的相关研究成果运用于研究河段。

从河流物理形态指标、水文情势特征和鱼类资源特征等因素考虑，选择与研究河段邻近的岷江下游河段为参照河段。

参考已有研究成果，本节主要探讨岷江下游水文指标的平均值、极值、频率等对鱼类产卵繁殖的影响，选择岷江下游流量和水位的日值、日内极值、日内变幅（为绝对值）、日间变幅、涨落水过程的周期和频率、洪峰起始时间、持续时间和出现时间等指标与鱼卵径流量的相关关系进行分析。利用 SPSS17.0 软件对流量和水文指标（日值、日内极值、日内变幅、日间变幅）与日内鱼类产卵径流量进行 Pearson 相关性分析，探讨流量、水位指标与鱼类产卵径流量间的耦合关系。

8.3.1 产漂流性卵鱼类繁殖活动监测

2010 年 5 月 24 日至 2010 年 8 月 31 日于岷江下游宜宾岷江铁路桥下（下距河口 2 km）设置一个固定监测断面进行连续的鱼类卵苗采集监测，监测时长 593.5 h。

监测期水温 18.0～25.7 ℃，网口流速 0.23～0.66 m/s，断面流量 1 460～20 600 m^3/s，共采集到多细胞期至心脏搏动期的漂流性鱼卵 5 316 粒（空泡卵未计入）。岷江下游采集到的产漂流性卵鱼类种类组成及其数量见表 8.3。

表 8.3 岷江下游产采集到的漂流性卵鱼类种类组成及数量

种类	卵数量/粒	比例/%
鲢 *Hypophthalmichthys molitrix*	49	0.92
草鱼 *Ctenopharyngodon idellus*	25	0.47
蛇鮈 *Saurogobio dabryi*	1 497	28.16
中华沙鳅 *Botia*（*Sinibotia*） *superciliaris*	1 967	37.00
寡鳞飘鱼 *Pseudolaubuca engraulis*	782	14.71
犁头鳅 *Lepturichthys fimbriata*	343	6.45

续表

种类	卵数量/粒	比例/%
吻鮈*Rhinogobio typus*	136	2.56
短身金沙鳅 *Jinshaia abbreviata*	114	2.14
圆筒吻鮈 *Rhinogobio cylindricus*	61	1.15
长薄鳅 *Leptobotia elongata*	68	1.28
翘嘴鲌 *Culter alburnus*	35	0.66
其他（未鉴定出种类）	239	4.50

调查到的鱼卵经培育鉴定出鱼类种类 11 种，其中四大家鱼 2 种（鲢、草鱼），2 种合计占采集到鱼卵数的 1.39%，其余除翘嘴鲌、长薄鳅外多为小型鱼类，数量最多的种类为中华沙鳅，占 37.00%，其次为蛇鮈28.16%，较多的还有寡鳞飘鱼 14.71%，犁头鳅 6.45%。其余种类还有吻鮈、短身金沙鳅、圆筒吻鮈、长薄鳅、翘嘴鲌等。部分卵因早期死亡或其他原因未鉴定出种类。

8.3.2 产漂流性卵鱼类产卵期水文指标特征

统计 2010 年 5 月 24 日至 2010 年 8 月 31 日岷江下游产漂流性卵鱼类产卵日流量和水位的日流量、日内最低流量、日内最大流量、日内流量变幅、日间流量变幅、日水位、日内最低水位、日内最高水位、日内水位变幅、日间水位变幅等水文指标的变化范围和均值见表 8.4，如图 8.11、图 8.12 所示。

表 8.4 岷江下游产漂流性卵鱼类产卵日生态水文指标

水文指标	流量/（m^3/s）		水位/m	
	范围	平均值	范围	平均值
日值	1 773～17 375	5 468	276.10～284.16	278.54
日内最低值	1 560～13 500	4 586	275.91～282.48	278.06
日内最大值	1 940～21 100	6 396	276.24～285.46	279.01
日内变幅	180～10 660	1 810	0.12～4.51	0.94
日间变幅	0～10 620	1 535	0～4.89	0.79

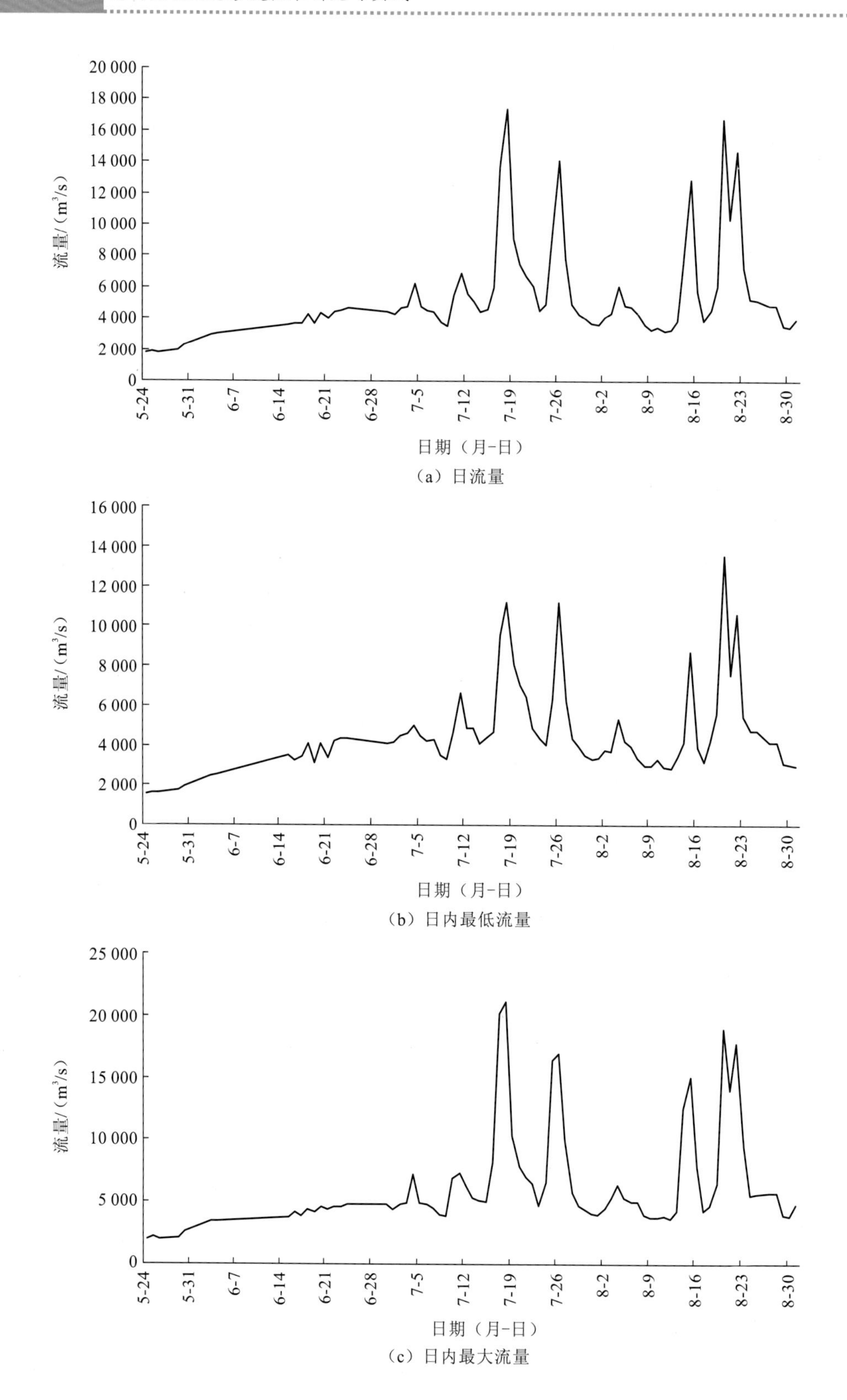

（a）日流量

（b）日内最低流量

（c）日内最大流量

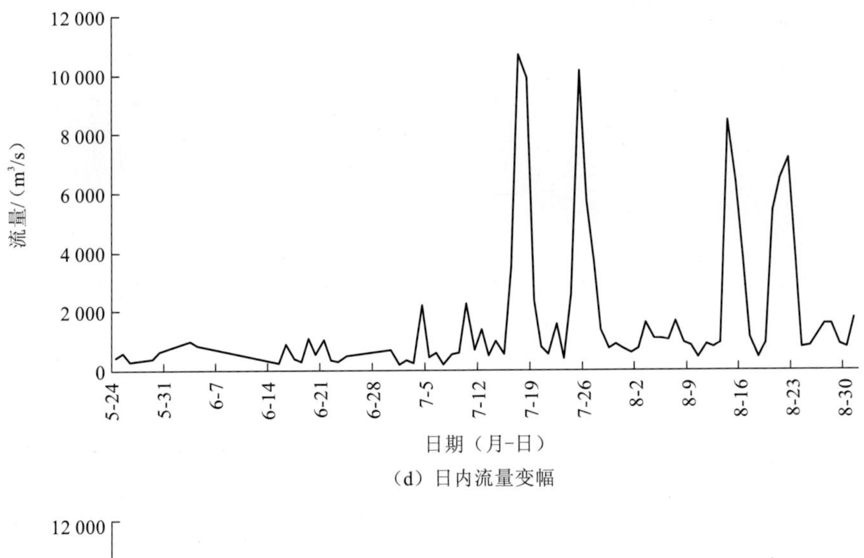

（d）日内流量变幅

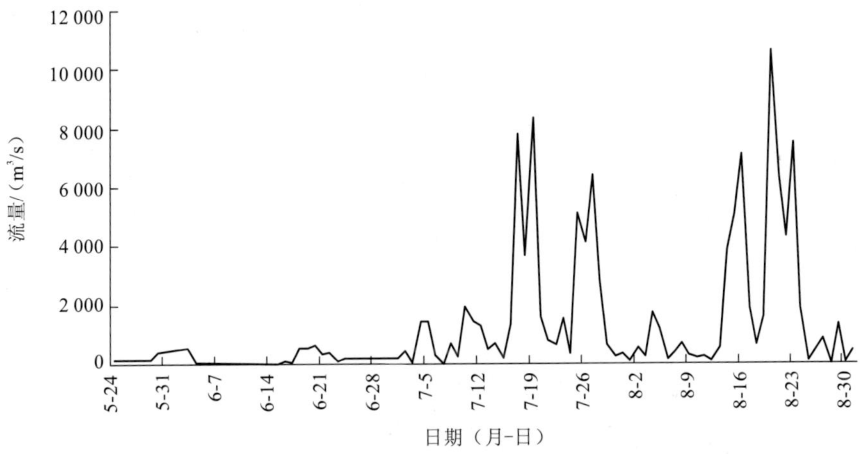

（e）日间流量变幅

图 8.11　产卵日岷江下游流量水文指标

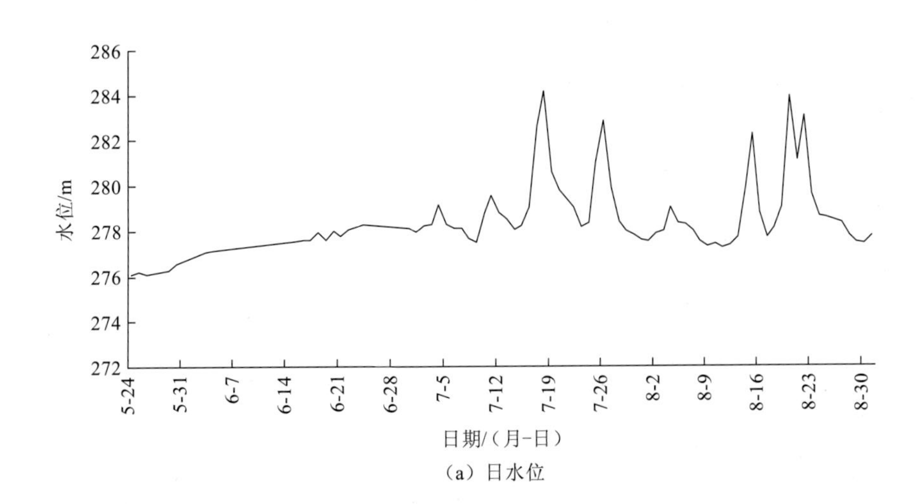

（a）日水位

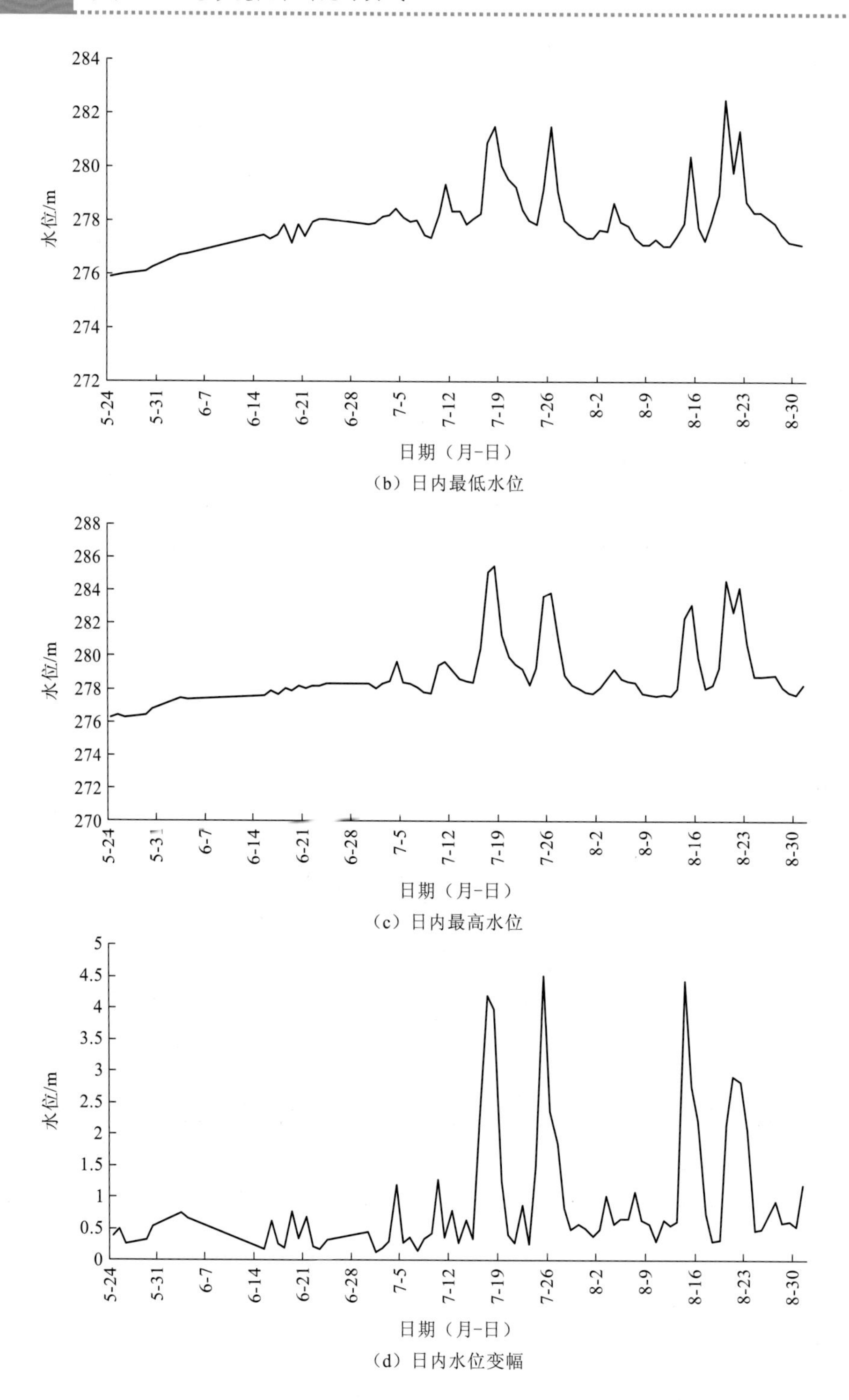

（b）日内最低水位

（c）日内最高水位

（d）日内水位变幅

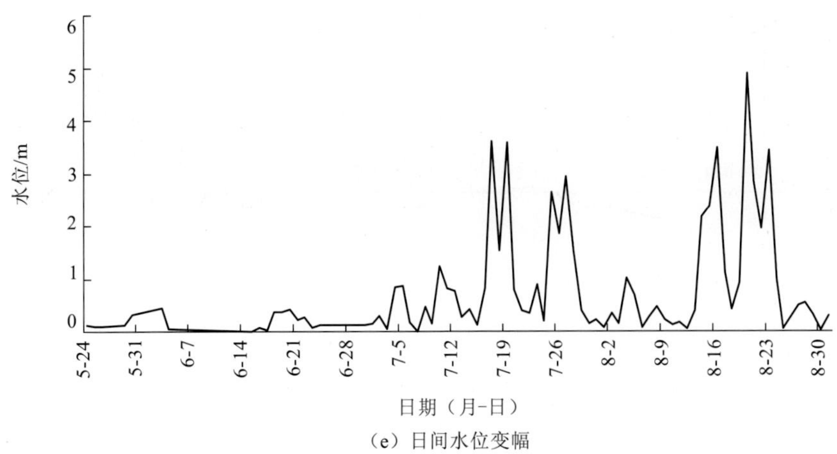

（e）日间水位变幅

图 8.12 产卵日岷江下游水位水文指标

通过表 8.4 和图 8.11、图 8.12 可以看出，岷江下游产漂流性卵鱼类繁殖期流量各指标的分布规律基本一致，呈逐渐增大的趋势，直至 7 月中下旬达到最高峰，之后出现一小段回落，至 8 月中下旬出现第二次高峰；且流量指标水平多集中在平均值附近，仅在个别时段出现流量指标的突变，形成洪峰。

水位各指标受流量的直接影响，但同时又与所在江段的过水断面大小有关。因此，水位指标的分布及变化规律与流量各指标完全吻合，但其变幅不明显。

8.3.3 河流水文情势与鱼类繁殖耦合关系

1. 鱼类产卵径流量与水文指标的相关关系

Pearson 相关分析表明（表 8.5），岷江下游产漂流性卵鱼类繁殖期鱼类产卵径流量与流量水文指标中的日流量、日内最低流量、日内最大流量、日内流量变幅、日间流量变幅、日间流量变化率 6 个指标均呈极其显著的正相关关系（$P<0.01$）。

表 8.5 岷江下游流量指标与鱼类产卵径流量的 Pearson 相关系数

	日流量	日内最低流量	日内最大流量	日内流量变幅	日间流量变幅	日间流量变化率	日鱼类产卵径流量
日流量	1						
日内最低流量	0.970**	1					
日内最大流量	0.978**	0.912**	1				
日内流量变幅	0.834**	0.688**	0.926**	1			
日间流量变幅	0.770**	0.732**	0.800**	0.737**	1		
日间流量变化率	0.706**	0.651**	0.763**	0.748**	0.851**	1	
日鱼类产卵径流量	0.380**	0.358**	0.402**	0.380**	0.558**	0.417**	1

注：**表示极显著相关，$P<0.01$，$n=79$。

Pearson 相关分析表明（表 8.6），岷江下游产漂流性卵鱼类繁殖期鱼类产卵径流量与水位指标中的日水位、日内最低水位、日内最高水位、日内水位变幅、日间水位变幅、日间水位变化率 6 个指标均呈极其显著的正相关关系（$P<0.01$）。

表 8.6 岷江下游水位指标与鱼类产卵径流量的 Pearson 相关系数

	日水位	日内最低水位	日内最高水位	日内水位变幅	日间水位变幅	日间水位变化率	日鱼类产卵径流量
日水位	1						
日内最低水位	0.971**	1					
日内最高水位	0.979**	0.914**	1				
日内水位变幅	0.755**	0.590**	0.866**	1			
日间水位变幅	0.758**	0.702**	0.801**	0.731**	1		
日间水位变化率	0.758**	0.702**	0.801**	0.732**	1.000**	1	
日鱼卵径流量	0.398**	0.372**	0.427**	0.393**	0.554**	0.552**	1

注：**表示极显著相关，$P<0.01$，$n=79$。

2. 鱼类产卵径流量与水文指标波动周期和频率的关系

1）鱼类产卵径流量与涨落水周期和频率的关系

在调查时段内，岷江下游流量分别监测到21次涨水过程和20次落水过程，如图8.13、图 8.14 所示，每个涨水过程持续 1～6 天，其中涨水过程持续 1 天的为 8 次，次数最多，占 38.10%；其次是涨水过程持续 2 天的为 6 次，占 28.57%。每个落水过程持续 1～7 天，其中落水过程持续 1 天的为 8 次，出现次数最多，占 40.00%；其次是落水过程持续 3 天的为 5 次，占 25.00%。每一次完整的涨落水过程持续时间为 2～8 天，其中持续 4 天的为 5 次，出现次数最多，占 27.78%；其次是持续 3 天和 6 天的均为 3 次，均占 16.67%；而持续 2 天、5 天、8 天的仅有 1 次，可见一次完整的涨落水过程持续时间多为 3～7 天。

每一次完整的鱼类产卵径流量涨落过程持续时间为 2～8 天；其中，持续 2 天的为 9 次，出现次数最多，占 37.5%；其次是持续 3 天和 4 天的均为 6 次；而持续 5 天、6 天、8 天的次数均仅为 1 次，因此鱼类产卵径流量峰值间隔时间多为 2～4 天。

可以看出，一次完整的鱼类产卵径流量涨落过程持续时间与一次河水涨落水过程持续时间有相似之处，均为 2～8 天，但多数鱼类产卵径流量涨落过程持续时间比河水涨落水过程持续时间短 1～3 天。从日期分析可以看出，其间共监测到的 24 次鱼类产卵径流量波峰中，19 次与水文指标的波峰或波谷出现的日期一致或仅相差 1 天，其中，12 次与水文指标的波峰出现日期基本吻合，7 次与水文指标的波谷出现日期基本吻合。

2）鱼类产卵径流量与洪峰过程起始时间、持续时间和峰值出现时间的关系

在调查时段内，出现了 4 次洪峰过程，如图 8.13、图 8.14 所示。监测到产漂流性卵

鱼类4次明显的集中产卵过程，两者均集中出现在7月中下旬和8月中下旬。第一次洪峰过程并没有同步出现产漂流性卵鱼类的繁殖高峰，在第二次洪峰过程中则出现了鱼类产卵的第一次高峰过程，这一结果与王尚玉等[94]的研究相吻合，即认为第一次洪峰过程可能并不会出现鱼类的产卵行为，而是要一定的持续涨水时间或是等待第二次洪峰过程的到来；第三次和第四次洪峰过程与鱼类产卵径流量的高峰过程在出现时间上较一致，且两者峰值出现的日期也一样或者仅相差1天。以上分析认为，岷江下游产漂流性卵鱼类集中产卵过程受洪峰过程的影响明显，但产漂流性卵鱼类第一次集中产卵过程较第一次的洪峰过程有明显的滞后，直至第二次洪峰过程到来时才开始，且第一次集中产卵过程结束后，受第二次洪峰的影响，鱼类很快就开始了第二次集中产卵，第一次和第二次集中产卵过程持续时间仅3天，明显低于第一次和第二次洪峰的持续时间；第三次和第四次的集中产卵过程不论在开始的时间、持续时间还是峰值出现的时间上均与第三次和第四次的洪峰过程高度吻合。

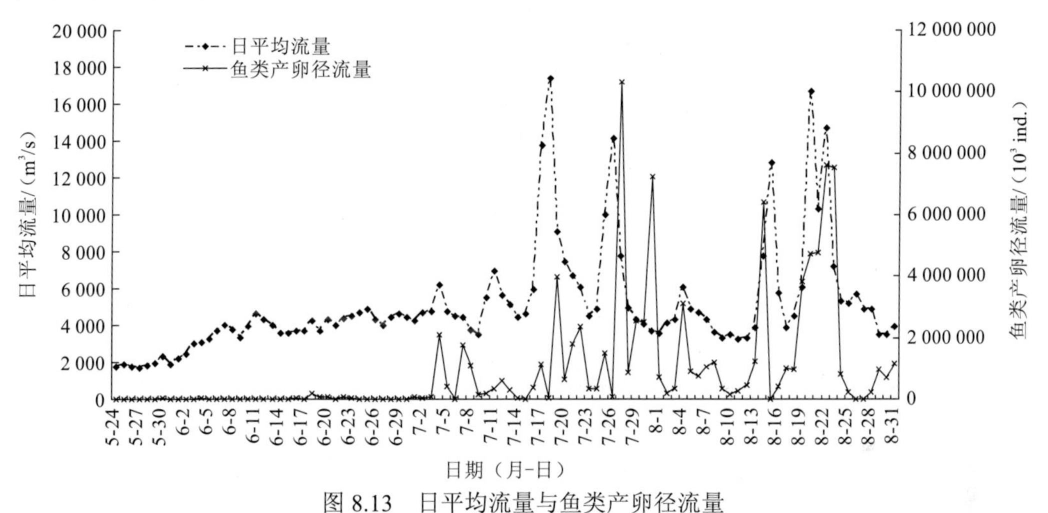

图8.13 日平均流量与鱼类产卵径流量

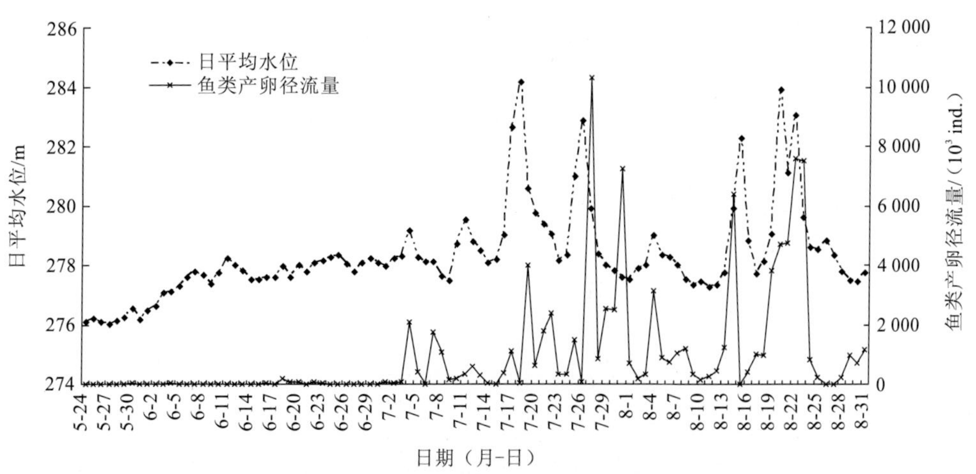

图8.14 日平均水位与鱼类产卵径流量

3. 分析

由于鱼类产卵径流量与流量和水位的日值、日内最低值、日内最大值、日内变幅、日间变幅、日间变化率 12 个水文指标均呈极其显著的正相关关系，说明以上 12 个水文指标将直接影响鱼类的繁殖活动，且以上 12 个水文指标增加，则鱼类产卵径流量也将增加。因此，安谷水电站的调度运行对下泄流量的控制要特别注意以上 12 个水文指标的变化，特别是在鱼类繁殖期，以上 12 个水文指标需要呈增加的趋势，以利于鱼类的繁殖。但鱼类产卵径流量与以上水文指标的函数关系还需要长期的鱼类产卵与水文指标的同步监测以及进一步的深入研究才能确定。

除与以上 12 个水文指标的相关关系之外，研究发现岷江下游产漂流性卵鱼类的产卵行为与洪峰过程也存在着密切的联系。鱼类的产卵行为不仅发生在涨水过程中，也会出现在落水过程中，主要与洪水的波动相关。且第一次集中产卵过程较第一次洪峰过程明显滞后，直至第二次洪峰过程才开始第一次的集中产卵过程，经过二次时间短促的集中产卵过程之后，集中产卵过程将与洪峰过程达到高度的吻合。洪峰过程明显刺激了产漂流性卵鱼类的繁殖，4 次集中产卵过程的波幅变化规律也与 4 次洪峰过程完全一致，可以推断洪峰的大小是当年鱼卵总产量的主要决定因素。因此，安谷水电站的调度运行在鱼类繁殖期要能制造洪峰过程，且要保证洪峰的次数、持续时间和一定的涨水幅度，以有利于鱼类产卵量的维持。

8.4 生态流量泄放

8.4.1 生态流量计算方法概述

生态流量可分为河道内和河道外两部分。本小节主要研究河道内生态流量，即维系河流或湖泊生态环境平衡的流量，它主要从实现河流的功能的角度出发，内容包括：放淤冲沙；水质净化；防止河道断流、湖泊萎缩；维持野生动植物的繁殖；保证沼泽、湿地所需要的流量。生态流量是保证减水河段水生生态系统持续发展的基础，是保证水生生物在减水河段内能够正常生存和繁殖的前提条件，只有在这部分需水得到满足的前提下，才能考虑其他用水要求[99]。因此，开展水库生态调度研究，首先必须研究河流生态流量，为水库生态调度提供调度目标[100]。

随着生态流量理论研究的不断深入，国内外关于河流生态流量的计算方法已经超过 200 余种[101]，主要有水文学法、水力学法、栖息地法和整体分析法四类。

（1）水文学法。水文学法是根据历史流量数据获取河流流量推荐值以确定河流生态流量的方法。目前，应用相对比较广的水文学法包括：7Q10 法、tennant 法（montana 法）[102]、texas 法和变化范围法（range of variability approach，RVA）等。

水文学法的主要优点在于操作简单，无须复杂数据和现场测量，依据水文数据资料便可以得到所要的结果，方便河流管理决策者快速确定生态流量过程，对河流生态用水具有宏观的定性指导意义，这种方法适合缺乏生态数据记录的地区。但由于该方法相对粗略，不能准确建立流量和水生态系统的关系，不能与生物参数直接相关，使其脱离了成因和机理分析，成果的可靠性不具有说服力，所以常作为优先度不高的河段研究河流生态流量的推荐值使用，或者作为其他方法的一种参考比照。

（2）水力学法。水力学法通过选取一些水力参数（河道湿周、宽度、深度和流速等）作为衡量指标，然后进行实测或者计算确定这些水力学参数与流量之间的关系。代表方法有湿周法[103]、R2CROSS 法等。

水力学法只需要对河道的形态特征进行简单的测量，具有较好的可操作性，且相比于水文学法，水力学法考虑了生物栖息地需求以及在不同流量条件下栖息地的有效性。但该方法对河道形状有一定的依赖性。目前水力学法是生物学方法的过渡方法，更多是作为理论方法进行讨论。

（3）栖息地法。栖息地法将物理栖息地指标（水深、流速、水温、溶解氧等）和生物学信息有机地结合在一起，依据河流实际参数，建立水力学模型，形成生物有效栖息地面积与河流流量的关系曲线，从曲线上获得适宜流量，以作为确定生态流量时的参考依据。栖息地法中最为知名和最被广泛应用的为河道内流量增量法（the instream flow incremental methodology，IFIM）[104-106]，后文将重点介绍。

栖息地法的优点是物理意义明确，针对性强，与水文学法、水力学法相比，能充分体现河道生态需水的生物学机理，是一种较为可靠的生态流量的研究途径。缺点是方法复杂，要求相当多的时间、资金和专门技术的投入，比较费时且昂贵，一般用于中小尺度的一个或数个河段，很少用于整个流域甚至次一级流域的流量推求。

（4）整体分析法[107]。整体分析法以确定满足整个河流生态系统完整性需求的关键流量为目标，通过模仿河流的自然流态或变化特征达到保护或修复河流生态的目的[108]，其研究对象囊括了整个河流生态系统。通常同时使用几种不同的方法，包括专家小组评价法、积木法、流量恢复法、基准法和趋势法等。代表方法有建筑堆块法（building block methodology，BBM）[109, 110]等。

整体分析法克服了生物学方法针对一、两种生物和特定因子混合机理不清的缺点，强调河流是一个综合生态系统，体现了枯水期和丰水期的流量变化。这种方法的缺点是计算方法种类繁多，需要计算基础流量、自然年均流量和还原流量，操作过程复杂，研究对象局限性强。

综合对比以上方法，水文学法和水力学法对生物的需求考虑较少，整体分析法在算法上要求较高，且对生物学机理要有非常透彻的了解，结合相关研究成果的适用性，对生物学机理有所研究，所以，考虑采用栖息地法计算河道所需的生态流量。

8.4.2 栖息地法介绍

研究表明，栖息地是河流中水生无脊椎动物、鱼类丰度和分布的重要决定因素[111]，确定适宜的水量，能较大程度上满足水生无脊椎动物、鱼类的生存条件[112]。鉴于河道水面的适宜栖息地面积对鱼类有重要的作用，栖息地法试图建立河道流量和适宜栖息地面积之间的关系。IFIM 是栖息地法的代表性方法，它是一个计算河流生态流量的概念性框架，可看成栖息地的总面积随流量变化而改变的各种计算模型及分析方法的集合。

加权可利用栖息地面积（weighted usable area，WUA）模型是 IFIM 中有关栖息地评价的核心内容。该方法是一组模拟 WUA 的计算机程序，以水力模型为基础，建立 WUA 变化与流量的关系，WUA 给定河段对于某一物种特定生活阶段的适应性指标。在特定的河流流量下，对整个河段物理栖息地的水深、流速、掩蔽物和底质等进行评价，并结合栖息地适应性指数曲线确定该流量下的 WUA，通过重复上述过程，可以最后得到 WUA 与流量的函数关系。

根据下列公式计算每个断面、每个指示物种的 WUA：

$$\mathrm{WUA}=\sum_{i=1}^{n}A_i(S_\mathrm{h},S_\mathrm{v},S_\mathrm{s},S_\mathrm{c})$$

式中：WUA 为指示物种的加权可利用栖息地面积；A_i 为河道被分割的每个断面的宽度；S_h 为水位喜好度；S_v 为流速喜好度；S_s 为基质喜好度；S_c 为河面覆盖喜好度；i 为河道被分割成的断面的个数；n 为网格数量。

大渡河河口河道流速高，河面宽阔，河面覆盖少，加之该河段指示生物鱼类种类复杂，其栖息地对水位和基质的需求的阈值范围尚不明确，所以在研究中对 WUA 的模拟计算重点以鱼类栖息地的流速条件为主，规定适宜的栖息地流速 S_v 为 1。

计算不同流量下的 WUA，绘制流量与 WUA 曲线，研究两者关系曲线的变化趋势。

8.4.3 左侧河道生态流量确定

安谷水电站开工建设后，坝下泄洪渠基本无下泄流量且被渠化，尾水渠下泄了全部的发电尾水，流速过高，且被渠化，泄洪渠和尾水渠均不适宜鱼类的生存栖息；左侧河道原有河道物理形态、底质等条件基本保持原貌，仍有一定的流量，较适宜鱼类的生存。左侧河道为了适宜鱼类的栖息，要能保证一定的流量，但左侧河道下泄流量的增加将直接影响安谷水电站的发电效益，因此，研究左侧河道适宜生态流量值，既能满足鱼类栖息的需求，又能减少左侧河道分流流量对安谷水电站发电效益的不利影响。

分析河口流量多年平均值 1 490 $\mathrm{m^3/s}$ 的不同百分比对应的流量和最大流量 3 740 $\mathrm{m^3/s}$ 下鱼类喜好生境的 WUA。同时，根据天然条件下左右两侧河道分水比例，拟合得到左侧河道分水的比例方程为 $y=0.937x-0.10$，以此对河道总流量进行分配，得到左侧河道流量。

根据大渡河河口鱼类习性的相关试验，确定河口鱼类较适宜的流速条件为 0.7～

1.5 m/s，以此为判定指标，统计以上不同流量条件下对应的鱼类喜好生境的WUA。

根据生境模拟法，鱼类栖息地的WUA的计算结果见表8.7。流量与鱼类适宜WUA关系对应表和关系曲线如图8.15所示。

表8.7 鱼类适宜栖息地面积随流量变化表

多年均值比例/%	总流量/（m^3/s）	分水比例	左侧河道分水/（m^3/s）	对应下游水位/m	水面面积/m^2	WUA/m^2
10	149	0.568	85	361.9	4 275 222	692 535
20	298	0.530	158	362.2	4 403 865	1 053 393
30	447	0.509	228	362.5	4 499 217	1 276 566
40	596	0.495	295	362.7	4 584 294	1 401 099
50	745	0.484	360	362.9	4 634 847	1 506 726
60	894	0.475	425	363.1	4 682 112	1 513 302
70	1 043	0.468	488	363.3	4 722 801	1 535 907
80	1 192	0.461	550	363.5	4 755 681	1 542 072
90	1 341	0.456	612	363.7	4 784 040	1 850 733
100	1 490	0.451	672	363.8	4 806 645	1 818 675
最大流量	3 740	0.412	1 540	366.0	4 998 171	1 057 914

注：最大流量指极值条件。

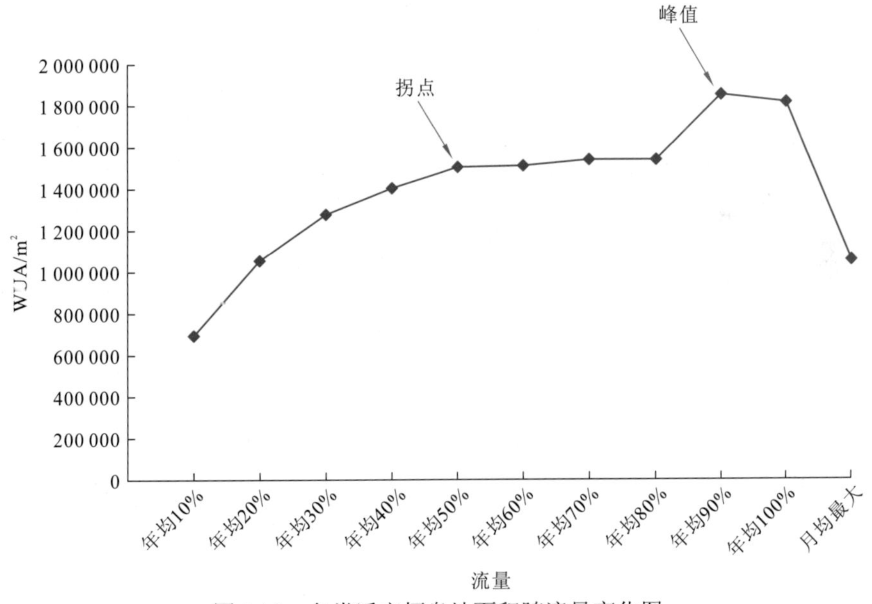

图8.15 鱼类适宜栖息地面积随流量变化图

研究结果显示，随着流量增加，大渡河河口WUA值基本呈增大趋势，两者关系曲线的最大增长率拐点对应的流量为年均流量的50%；当河道流量达到年均流量的90%时，WUA最大，流量与WUA的关系曲线出现最高峰；之后流量继续增大，WUA值则逐渐减小。关系曲线中，拐点前流量增加时对应的WUA也明显增加，但拐点之后流量明显增加时对应的 WUA 却变化不明显，增幅极小。因此，拐点对应的流量为大渡河河口段河道需要的适宜生态流量，即河口适宜生态流量为年均流量 50%，流量 745 m^3/s，根据大渡河河口左侧河道与右侧河道的分水比例，此时左侧河道对应流量为 360 m^3/s。在该流量下可以保证左侧河道内适宜水生物需要的 WUA 在较高的水平，而左侧河道又不会过多地分流走安谷水电站的入库流量。

8.4.4 左侧河道仿自然水文过程模拟

结合左侧河道适宜生态流量研究结果，初步模拟左侧河道维持水生生态系统稳定所需水量在年内不同季节的分配过程（表 8.8）。表 8.8 中流量是按照不同鱼类繁殖习性分时段给出的最小或适宜推荐流量。初步模拟左侧河道维持水生生态稳定所需水量年内逐日流量，如图 8.16 所示。

表 8.8 左侧河道维持水生生态系统稳定所需水量过程线说明表

时间划分	时段划分依据	流量过程
1～2 月	非鱼类集中产卵期	不低于 100 m^3/s
3～4 月	产黏沉性卵鱼类集中产卵期	模拟天然涨水过程
		不低于 100 m^3/s
5 月	非鱼类集中产卵期	不低于 360 m^3/s
6～9 月	鱼类集中产卵期	模拟天然涨水过程
		不低于 360 m^3/s
10～11 月	非鱼类集中产卵期	不低于 360 m^3/s
12 月	非鱼类集中产卵期	不低于 100 m^3/s

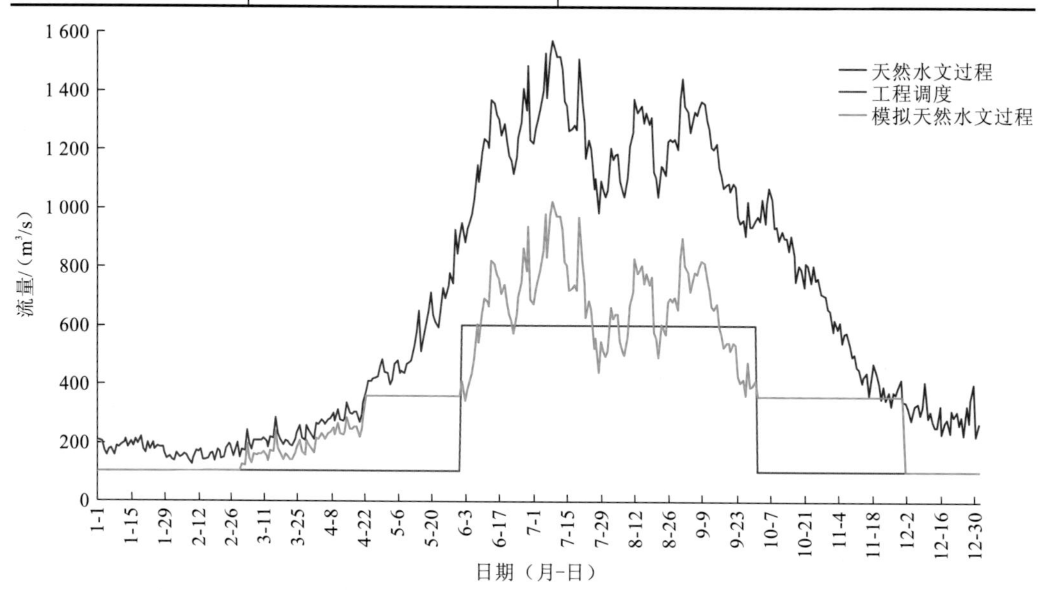

图 8.16 左侧河道维持水生生态稳定所需水量年内逐日流量过程线模拟

8.5 大渡河河口水库生态调度措施研究

安谷水电站工程建设后，电站的调度运行和左侧河道闸孔的建设均改变了河流的天然水文节律，本节通过天然河流的水文特征对水库的调度运行提出相应的约束条件，同时从鱼类重要生命活动过程繁殖时期对天然河流水文指标的响应方面，对水库的调度运行提出进一步的要求，最后对生境条件变化相对较小的左侧河道闸孔处下泄的适宜生态流量进行了模拟计算，结合左侧河道适宜生态流量值以及年内不同时期鱼类对流量的基本需求，初步模拟了左侧河道维持水生生态稳定所需水量的年内逐日流量过程线，以便对左侧河道闸孔泄放流量的控制提供科学依据。通过以上方法对水库的调度和左侧河道闸孔的泄放提出要求，使安谷水电站建设后河道水文节律能尽量接近天然状况，尽量满足鱼类生命活动的需求。

本节以水库生态调度的约束条件分析、河流水文情势与鱼类繁殖的耦合关系和左侧河道生态流量的模拟为基础，从水库生态调度方面，提出以下减缓生态影响的措施。

1. 保证合理的流量下泄

在水库生态调度的过程中，安谷水电站下泄流量的年内过程线应分布在天然河流最小与最大生态流量过程线之间，电站下泄流量不能低于天然河流的最小生态流量，也不能高于天然河流的最大生态流量。

同时，为了保护水生生物特别是鱼类在天然河流内的栖息环境，根据鱼类对生态和环境的要求，对维持河道栖息地等生态功能不受到损害的下泄水资源量，即河口鱼类赖以生存的生态流量进行研究，为安谷水电站的调度运行提供数据支撑。在工程建设后仍有适宜鱼类栖息条件的左侧河道，特别是在鱼类繁殖期，左侧河道闸孔下泄流量应不低于生态流量 360 m^3/s。

2. 保证自然水文年内和年际变化节律

根据大渡河河口段水文情势特征的分析，其最大流量集中分布在6月至9月底，并有两次大洪峰过程，每个过程持续时间约为2个月，且第一次大洪峰过程涨水持续时间长，流量增长至年内最高，第二次大洪峰过程有一个持续的高水量过程，之后进入持续的降水阶段。安谷水电站的调度运行，在年内坝下和闸孔处流量的泄放应尽量接近大渡河河口天然河流水文的年内变化节律。年内小流量的泄放过程应集中在 11 月至次年 5 月。年内大流量的泄放过程应集中在6月至9月，其间应制造两次洪峰过程，第一次洪峰过程应达到年内最大下泄流量，且第一次洪峰过程流量和水位的增长速率要较第二次洪峰过程大。每次洪峰过程也应能保证一定的持续时间，具体持续时间应在综合考虑生态需求与安谷水电站发电、行洪、航运等功能的需求下进行。

对于上游来水量不同的年份，安谷水电站的调度运行应遵循大渡河河口各典型年径流量过程的分配规律来进行。在枯水期，三种典型年安谷水电站的下泄流量可保持在接近的水平。在丰水期，第一次大洪峰过程，安谷水电站下泄流量应以丰水年最高、枯水年次之、平水年最低，其中枯水年在此期间的变化波动应较丰水年和平水年剧烈。第二次大洪峰过程，电站下泄流量仍应以丰水年最高、平水年次之、枯水年最低，且枯水年流量可明显低于丰水年和平水年。

从两次大洪峰过程流量的大小来考虑，丰水年和平水年安谷水电站下泄流量均应为第二次大洪峰过程下泄流量高于第一次大洪峰过程下泄流量，而枯水年则应第一次大洪峰下泄流量明显高于第二次大洪峰下泄流量。

从时间上来说，整个洪水期，在枯水年开始的时间相对于丰水年和平水年要提前，结束则要稍推迟，其洪水过程的周期可以较丰水年和枯水年稍长。各典型年第一次大洪峰过程中安谷水电站下泄流量的高峰值，应主要集中在 7 月中上旬，而对于第二次大洪峰过程中安谷水电站下泄流量的高峰值，丰水年应在 8 月中上旬，平水年应在 9 月初，枯水年应在 10 月初，从丰水年、平水年、枯水年依次延后 20～30 天。

3. 保证日内水文情势的变化特征

根据大渡河河口流量的日变化特点分析，日内流量变幅为 10～3 220 m^3/s，水位变幅为 0.01～2.67 m，可见日内流量变幅波动较大，主要是由于枯水期日内流量和水位变幅很小，丰水期日内流量和水位变幅较大；日间流量变幅为 0～2 453 m^3/s，水位变幅为 0～1.87 m，日间流量变化率为 0～285.07%，日间水位变化率为 0～0.43%。

根据大渡河河口日水文指标的特征，安谷水电站的调度运行要符合天然河流的变化规律，在日内有流量和水位的涨落变化，丰水期日内不同时段水库的下泄流量要有明显的涨落变化，枯水期日内可保持相对平缓、稳定的下泄流量；丰水期特别是汛期两日间水库的下泄流量也要有明显的波动，而枯水期两日间流量、水位的变化可相对平稳。

同时，安谷水电站的调度应考虑其日内和日间流量的泄放不宜有剧烈的变化，应保证其日内水位变幅不超过 2.67 m，日间水位变幅不超过 1.87 m。特别是在鱼类繁殖期，黏沉性的鱼卵多产在近岸的砾石滩，若水面线涨落起伏过大，则有可能导致黏沉性鱼类的产卵场间歇性的暴露在水面之上，使鱼卵死亡。

4. 保证鱼类产卵活动对生态水文过程的需求

根据鱼类繁殖与水文情势的耦合关系的分析，大渡河河口鱼类产卵行为与水文指标均呈极其显著的正相关，因此，安谷水电站的调度运行对下泄流量的控制要特别注意流量和水位的日值、日内最小值、日内最大值、日内变幅、日间变幅、日间变化率 12 个水文指标的变化，特别是在鱼类繁殖期，以上 12 个水文指标要能呈增加的趋势，将有利于鱼类的繁殖。

同时，产漂流性卵鱼类的产卵行为与洪峰过程也存在着密切的关系，且产漂流性卵鱼类的产卵行为不仅发生在涨水过程，也会出现在落水过程，洪峰过程明显地刺激了产漂流性卵鱼类的繁殖，洪峰的大小是该年鱼卵总产量的主要决定因素。因此，在鱼类繁殖期，安谷水电站的调度在预防出现泄放流量的突变及日内和日间变幅的过大的同时，也要保证有足够的逐步涨落水的过程和变化率，形成洪峰，刺激鱼类的繁殖，且要保证洪峰的次数、持续时间和一定的涨水幅度，以有利于鱼类产卵量的维持。

由于观察到的第一次集中产卵过程较第一次洪峰过程明显滞后，安谷水电站的调度在第一次洪峰过程结束后仍要持续一周左右的敞泄状态，使鱼类在洪峰过程后产的卵可以顺流而下。

5. 可行的非工程措施

（1）建立生态流量保证的制度，如完善流域规划环评、流域水资源论证等制度，建立水量分配和绿色水电站评价和论证制度。

（2）建立考虑生态流量的梯级水库群优化调度。

（3）建立长期的生物观察和科学研究，推荐出控制河段保护物种需要的水文过程及水动力条件，将比较定量化的生态水文过程纳入优化调度目标。

（4）采用多种方法对于生态流量下泄进行监督管理。

（5）公众参与监督。

（6）远程动态监测主要河段水流变化情况等。

第 9 章

水生生物重要栖息地修复技术研究与实践

9.1 水生生物栖息地修复技术发展与实践

多样性与多层次的栖息地结构，可促进不同生物阶层和族群对河流廊道的利用，维持生境结构和恢复弹性，并确保河流生态系统的长期稳定。

国外通过设置水流挡板，在河床堆置大石块、木质残骸、根茎填料、修筑低坝、人为造成浅滩—深潭格局等方法进行了一系列河道栖息地修复的研究或调查分析[113-115]。如 Terry[116]在科罗拉多河上放置漂石，发现漂石附近的流场改变显著，增加了栖息地多样性。Chou 和 Chuang[117]在山溪两岸用卵石建造丁字坝来增加河流形态的多样性，通过栖息地模拟，发现该措施增加了鲤科鱼类的有效栖息地面积，尤其是在洪水流量情况下。Lacey 和 Millar[118]通过石块防波堤和树木残骸提高了洪水时期银鲑和虹鳟的栖息地质量，但发现这两种措施在低流量下效果不明显。美国、澳大利亚等国家在河道栖息地修复中使用了木质残骸，并取得了较好的生态效应[119-122]。当前，澳大利亚全国开始进行了修复河道的行动，增加木质残骸被认为是修复河道栖息地的重要组成部分，特别是大的木质残骸能够在河流治理中发挥重大的作用[123]，大的木质残骸能创建深潭、小岛等多样的河道形态，从而增加鱼类及其他水生生物栖息地的空间异质性。

国内学者在河道栖息地修复研究方面处于起步探索阶段。王庆国等[124]通过在河道横断面上设置深槽和间隔一定距离的挡水堰来对减水河段的水利生态恢复效果进行模拟，模拟结果表明在多年平均流量的 5%的来水情况下，采用深槽修复，可提高鱼类有效栖息地面积约 48%；英晓明[125]使用一种在日本常用的枝桠沉床技术，对河流底质进行改良，使用 River2D 模拟对比了沉床不同尺寸和间距对小褐色鲑鱼有效栖息地面积的提高程度。余国安等[126]对西南山区吊嘎河上一段 150 m 长的河段，通过布置人工阶梯—深潭有效提高了水生栖息地多样性，水生生物丰度和多样性指数也呈上升趋势。

总体上，河流生物栖息地的修复多基于河流物理结构形态的修复，目的在于缓和外界因素造成的不利影响（包括自然的和人工的，如洪水影响、拦河筑坝等），营造多样性的水流生境，提高生物栖息地的多样性。

本节从研究水生生物群落与河流微生境之间的耦合关系入手，通过系统调查研究大渡河河口段河网状的微生境特点及其生态学效应，揭示水生生物对微生境结构的需求及在不同微生境中的迁徙规律，分析微生境指标与水生生物的相关关系，提出满足生物需求的河流微生境重建的基本条件。同时开展大渡河河口段河道流场分布特点的研究，通过建立二维水动力学模型，计算不同流量条件下研究区域的水动力学特征，分析安谷水电站工程建设前后河口生物栖息地水位与流速的变化。最终实现对鱼类重要栖息地产卵场修复及浅滩—深潭结构重建技术的设计。

9.2 大渡河河口微生境特点及其与水生生物的耦合关系

9.2.1 调查方法

本小节通过对大渡河河口河道情况的野外踏勘，并充分考虑水生生物对河流微生境的需求，同时遵循典型性、可行性、易操作性等原则，借鉴国内外河流特征调查与评价的指标，确定针对河岸坡度、河床底质、护岸类型、水流类型、河道生境共 5 个河流微生境指标开展相关研究。

河流微生境指标信息的采集断面的布设与水生生物样本断面一致，采集方法主要通过野外调查、现场的测量、照相、描述等手段进行记录，河流微生境信息记录表见表 9.1，样点微生境指标信息在“□”内勾选，并对其进行文字的记录。

表 9.1 河流微生境信息记录表

编号：	坐标：		高程：　m	
日期：	天气：		记录人：	
位置：□左岸　□河中　□右岸			河面宽：　m	
水深：　m	流速：　m/s		透明度：　cm	
河岸坡度	□缓坡	□斜坡	□陡坡	
河床底质	□巨砾	□粗砾	□中砾	□细砾
	□砂粒	□粉砂	□黏土	□混凝土
护岸类型	□无防护型	□退化型	□开放型	□固化型
如有护岸，它的位置	□坡上	□全坡岸	□坡脚	
水流类型	□干涸河道	□滞水水流	□上升流	□均匀波
	□微波	□混合流	□自由下落	
河道生境	□险滩	□浅滩	□浅流	□深流
	□回流	□界流	□沼泽	□深潭
描述				

由于河流微生境指标的采集主要通过野外调查、现场的测量、照相、描述等手段进行记录，多为定性指标，为了对其进行后续的统计分析，需要先对采集到的微生境指标的类型进行赋值。

赋值是在数理统计的运算过程中常被运用到的步骤之一，是将某一数值附给某个变量的过程。对大渡河河口微生境指标的赋值见表 9.2。

表 9.2 微生境变量赋值表

微生境指标	赋值
河岸坡度	缓坡=1，斜坡=2，陡坡=3
河床底质	巨砾=1，粗砾=2，中砾=3，砂粒=4，混凝土=5
护岸类型	无防护型=1，开放型=2，固化型=3
水流类型	滞水水流=1，微波=2，混合流=3，上升流＝4
河道生境	浅滩=1，浅流=2，深流=3，深潭=4

9.2.2 大渡河河口微生境分布特点

（1）坡度体现了河岸的形态，直接影响着水流流态、水生生物的栖息等。河岸坡度的类型分为缓坡（0°～29°）、斜坡（30°～59°）和陡坡（60°～90°）3个等级，见表9.3。

表 9.3 河岸坡度分类标准

河岸坡度类型	描述
缓坡	0°～29°
斜坡	30°～59°
陡坡	60°～90°

根据大渡河河口河岸坡度的调查结果，其坡度包括缓坡（0°～29°）、斜坡（30°～59°）和陡坡（60°～90°）3个类型，并以30°～59°的斜坡为主（图9.1）。

（a）缓坡

（b）斜坡

（c）陡坡

图 9.1 大渡河河口主要河岸坡度类型

（2）河床底质。河床底质不仅影响河流泥沙输送和河流水力特性，而且还影响河流的几何形状和形态，可用于解释河流生物功能和生物稳定性。

河床底质的分类标准借鉴地质学中的温氏分级法和中国土壤颗粒等级分类方法，对照两种分类方法，得到了基本一致的河床底质颗粒类型名称和所对应的直径范围（表 9.4）。为了真实反映被完全固化的混凝土护岸底质，特在河床底质类型中增加了混凝土这一底质类型。

表 9.4　河床底质分类标准

温氏分级类型	中国土壤颗粒等级	直径范围/mm
boulder	巨砾	＞256
cobble	粗砾	65～256
pebble	中砾	5～64
gravel	细砾	3～4
sand	砂粒	0.062 6～2
earth	粉砂	0.003 9～0.062 5
clay	黏土	＜0.003 8
—	混凝土	—

注：混凝土不适用温氏分级类型。

根据大渡河河口河床底质的调查结果，其河床底质包括以下 5 类（表 9.5、图 9.2），其中以粗砾和巨砾为主。

表 9.5　大渡河河口河床底质类型

项目	温氏分级类型				—
	boulder	cobble	pebble	sand	
中国土壤颗粒等级	巨砾	粗砾	中砾	砂粒	混凝土
直径范围/mm	＞256	65～256	4～64	0.626～2	—

注：混凝土不适用温氏分级类型。

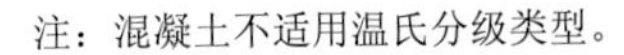

（a）巨砾

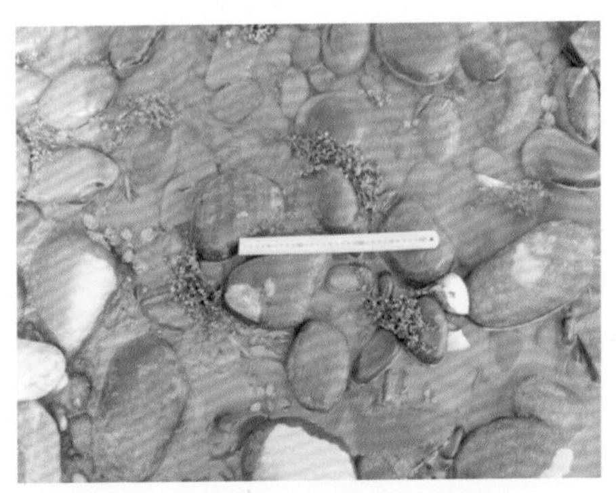

（b）粗砾

（c）中砾

（d）砂粒

（e）混凝土

图 9.2　大渡河河口主要河床底质类型

（3）护岸情况。为了满足防洪和水力等需要，河岸往往构筑统一的人工护岸设施，这在很大程度上改变了自然河道的水文地貌条件，改变了河流的生境状况。很多研究表明，河流生境退化的主要原因在于人为干扰而非固有的自然变化。

河流护岸类型可分为 4 种，即无防护型、退化型、开放型和固化型（表 9.6）。

表 9.6　护岸类型分类标准

人工护岸类型	描述
无防护型	无保护；河水直接冲刷河岸土壤
退化型	芦苇，木桩等
开放型	乱石护坡；金属筐护坡；施工废物护坡
固化型	水泥和砖石护岸

根据大渡河河口护岸类型的调查结果，其护岸类型包括无防护型、开放型、固化型（表 9.7、图 9.3），并以无防护型的天然河岸为主。

表 9.7　大渡河河口河岸护岸类型

护岸类型	河岸防护类型
无防护型	无保护，河水直接冲刷河岸土壤
开放型	乱石护坡；金属筐护坡；施工废物护坡
固化型	水泥和砖石护岸

（a）无防护型

（b）开放型

（c）固化型

图 9.3 大渡河河口主要护岸类型

（4）主要水流类型。各种水流类型影响着河流生境的形成，水流越湍急，越不利于河流生境的稳定性。

河流水流类型分类标准主要参考国外常用的水流类型划分方法[127]（表 9.8）。

表 9.8 主要水流类型分类标准

水流类型	描述
干涸河道	无水流
滞水水流	位于滞水河段，很难察觉任何水面流；或者出现在深潭，有明显漩流，但是水面没有网状顺流运动
上升流	出现向上流动的水流，干扰水面，呈泡沫或者沸水状
均匀波	层流，水流未产生干扰波
微波	明显和对称的水面微波，波高约 1 cm，顺流流动
混合流	几种较快的水流类型的混合流
自由下落	垂直降落的水体与垂直面明显分离

根据大渡河河口水流类型的调查结果，其水流类型包括滞水水流、微波、混合流、上升流（表 9.9、图 9.4），其中以微波和混合流为主。

表 9.9　大渡河河口主要水流类型

水流类型	描述
滞水水流	位于滞水河段，很难察觉任何水面流；或者出现在深潭，有明显漩流，但是水面没有网状顺流运动
微波	明显和对称的水面微波，波高约 1 cm，顺流流动
混合流	几种较快的水流类型的混合流
上升流	出现向上流动的水流，干扰水面，呈泡沫或者沸水状

（a）滞水水流

（b）微波

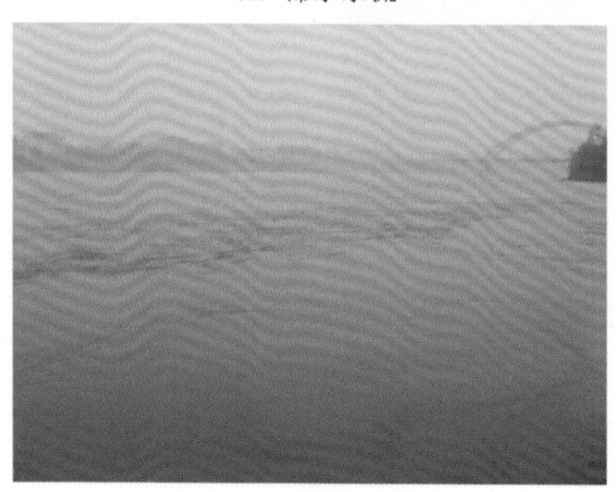

（c）混合流

（d）上升流

图 9.4　大渡河河口主要水流类型

（5）河道生境。河道生境与水流类型相对应，在不同的底质、流速下，会形成不同的河道生境类型（表 9.10）。

表 9.10　主要河道生境分类标准[128]

河道生境类型	描述
险滩	急流、暴露岩石和巨砾，由下落水流组成高梯度湍流
浅滩	水浅，高流速，水面紊动，存在部分水下障碍
浅流	缓慢流动的浅水流，水面平静，很少或者没有湍流
深流	与浅流对应，水流速度快，无水面激荡或者水波，接近等速流
回流	流速小，低流量时期部分区域与河道隔离
界流	河道边缘的回流，所在河段比上下游河段宽
沼泽	流速减小的浅河岸区域，主要是淤泥
深潭	较快河段间的非连续区域，该区域流速减缓

根据大渡河河口河道生境的调查结果，其主要河道生境类型包括浅滩、浅流、深流、深潭（表9.11、图9.5），并以浅流为主。

表9.11 大渡河河口主要河道生境类型

河道生境类型	描述
浅滩	水浅，高流速，水面紊动，存在部分水下障碍
浅流	缓慢流动的浅水流，水面平静，很少或者没有湍流
深流	与浅流对应，水流速度快，无水面激荡或者水波，接近等速流
深潭	流速较快河段间的非连续区域，该区域流速减缓

（a）浅滩

（b）浅流

（c）深流

（d）深潭

图9.5 大渡河河口主要河道生境类型

9.2.3 大渡河河口微生境类型

根据大渡河河口河流微生境的现场调查结果，大渡河河口河岸坡度可以分为3个等级，以30°～59°的斜坡为主；河床底质可以分为5个等级，以粗砾和巨砾为主；河流护岸类型分为 3 类，以无防护型的天然河岸为主；水流类型可以分为 4 个类型，以微波和混合流为主；主要河道生境类型可以分为 4 类，以浅流为主。可见，大渡河河口各河流微生境指标的类型多样，而不同河流微生境指标的组合形成了大渡河河口复杂多样的河流微生境特点。

为了研究河流微生境与水生生物的耦合关系，需要对繁多的微生境指标组合而成的各样点的河流微生境特点进行归纳总结。通过对大渡河河口各样点微生境的聚类分析，可以了解大渡河河口微生境的主要类型，以便研究不同类型河流微生境中水生生物的分布情况。

聚类分析又称为群聚分析，它是研究样品或指标的分类问题的一种统计方法。即考察样品或指标间的相似性，将满足相似条件的样品或指标划分在同一组，不满足相似性条件的样品或指标划分在不同的组[129]。几种聚类分析方法中，系统聚类法最后将得到一个反映样品或指标间亲疏关系的自然谱系，通过自然谱系能比较客观地描述各分类对象个体之间的差异和联系。

利用 SPSS17.0 软件对 2010～2011 年春季、秋季的四次河流微生境指标进行 Q 型样本聚类分析，分析大渡河河口的河流微生境类型，以探讨复杂河网结构中主要河流微生境类型的特点及水生生物在不同河流微生境类型中的分布特点，其聚类分析结果以树形图表示（图 9.6～图 9.9）。

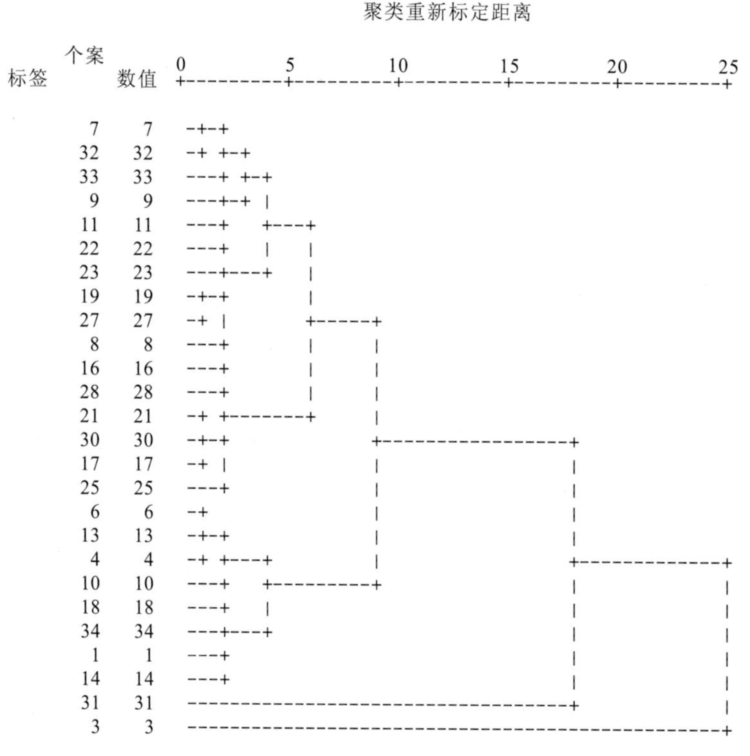

图 9.6　2010 年春季河流微生境指标聚类分析结果

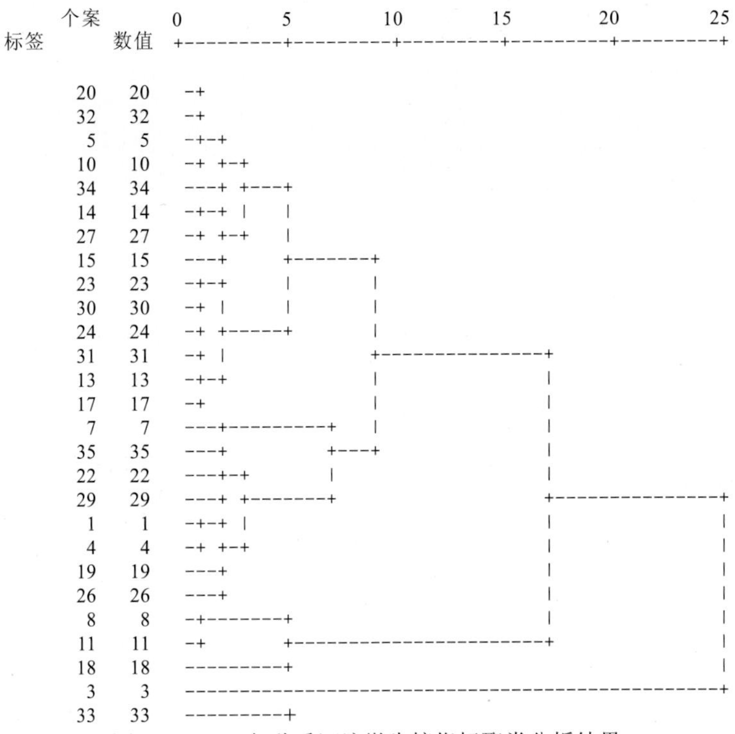

图 9.7　2010 年秋季河流微生境指标聚类分析结果

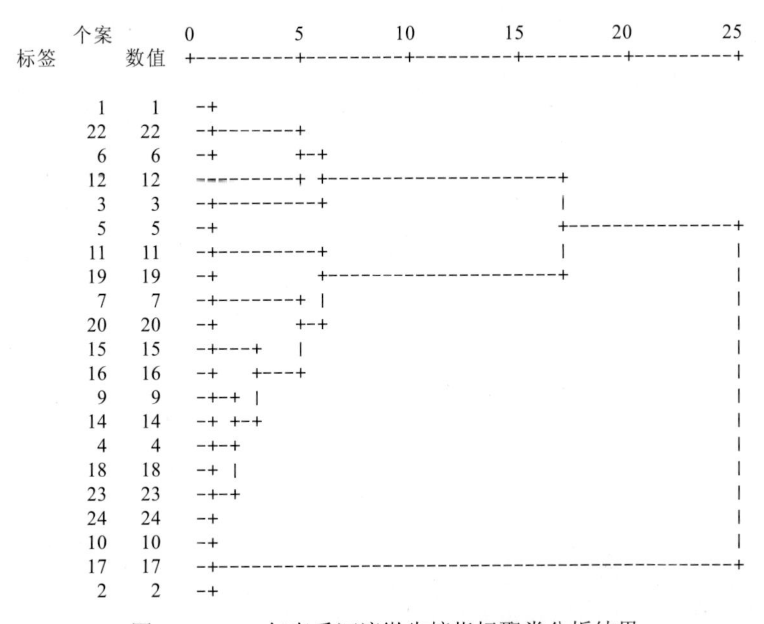

图 9.8　2011 年春季河流微生境指标聚类分析结果

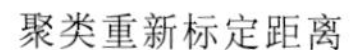

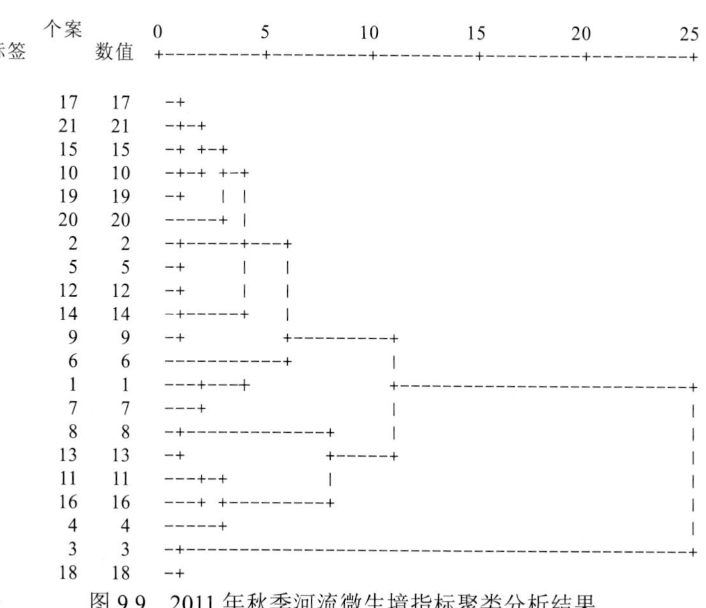

图 9.9 2011 年秋季河流微生境指标聚类分析结果

2010 年春季大渡河河口段河流微生境类型主要包括以下五类：①天然河岸的缓坡浅流。该河流微生境类型为天然河岸，多为缓坡，河道流速较缓，河水流态多为静水或缓流。大渡河河口段上游河床底质多为粗砾、中砾，至下游逐渐演变为颗粒较细小的中砾、砂砾，该河流微生境的类型在大渡河河口段的上游至下游均有分布，所以河床底质包含了调查到的所有的天然砾石类型，特别是较少见的砂砾底质在该类型中也存在。该河流微生境类型较适合幼鱼的索饵。②天然河岸的缓坡浅滩。该河流微生境类型为天然河岸，多为缓坡。河床底质较天然的缓坡浅流类型稍粗，有粗砾和中砾的河床底质类型，不包含砂砾底质。流速也较高，为几种较快水流的混合流，较高流速的水流遇到较粗的河床底质激起水花形成了浅滩。该河流微生境类型较适合产黏沉性卵的鱼类的产卵繁殖。③较大块石护岸的开放型河道。该河流微生境类型河岸坡度较陡，多为 30°～59° 的斜坡，也有个别陡坡出现。河床底质均为较大的方形块石，为人工块石堆放的护岸。其河道水流流态复杂，有流速较缓的浅流，也有流速较高的混合流态的深流。④深潭。该河流微生境类型有陡峭的山体岩石坡岸。由于河底陡然变深，水流在此聚集，流速变缓，几乎为静水。⑤混凝土护岸的河道。该河流微生境类型坡岸较陡峭，为陡坡或斜坡。流速较急，为几种较快水流均有的混合流，呈现深流的水流流态。

2010 年秋季大渡河河口段河流微生境类型主要包括以下五类：①天然河岸的缓坡浅流和浅滩。该河流微生境类型包括了 2010 年春季河流微生境类型中的天然河岸的缓坡浅流和天然河岸的缓坡浅滩两种类型，与这两类的特点相同。该河流微生境类型中的浅流较适合幼鱼的索饵，浅滩则适合产黏沉性卵鱼类的产卵繁殖。②较大块石护岸的浅流。该河流微生境类型河岸坡度较陡，多为 30°～59° 的斜坡，河床底质均为较大的方形块石，为人工块石堆放的护岸。流速较缓，多为静水或缓流，呈现浅流的水流流态。该河流微生境类型较适合幼鱼的索饵。③较大块石护岸的深流。该河流微生境类型河道指标与本次调查的类型②相似，但流速较高，为几种较快水流均有的混合流。在较深的河道由于秋季水量较丰沛，会出现泡漩水，总体呈现深流的水流流态。该河流微生境类型中较深的河道在汛期可满足漂流性鱼卵的漂流和孵化。④深潭。该河流微生境类型的河道指标特点与2010年春季调查的深潭类型的一致。由于秋季河道流量的增加，在深潭处，河道地形突变，多产生泡漩水。该河流微生境类型在汛期可满足漂流性鱼卵的漂流和孵化。⑤混凝土护岸的河道。该河流微生境类型的河道指标特点与2010年春季调查到的混凝土护岸河道类型一致，有流速较急的混合流，呈现深流的水流流态。同时由于水量的增加，部分裸露的河岸被淹没，其水流较缓，基本为静水，呈现浅流的水流流态。该河流微生境类型中虽然有较浅的浅流生境，但由于多为河岸消落带，随着日内水量的增加，其河流微生境发生变化，使得浮游动植物和底栖生物种类和现存量不稳定，所以，不确定适合幼鱼的索饵。

2011年春季大渡河河口段河流微生境类型主要包括以下五类：①天然河岸的缓坡浅流和浅滩。该河流微生境类型与2010年秋季调查到的类型①的特点一致。该河流微生境类型中的浅流较适合幼鱼的索饵，浅滩则适合产黏沉性卵鱼类的产卵繁殖。②天然河岸的缓坡浅流。该河流微生境类型为天然河岸，多为缓坡，有部分斜坡。河床底质为砂砾，河道流速较缓，河流水流流态为静水。该河流微类型中的浅流较适合幼鱼的索饵。③较大块石护岸的开放型河道。该河流微生境类型河岸坡度较陡，多为30°～59°的斜坡。河床底质均为较大的方形块石，为人工块石堆放的护岸。由于河道较深，形成泡漩水。该河流微生境类型较适合漂流性鱼卵的漂流和孵化。④深潭。该河流微生境类型河道指标与前两次调查的深潭类型调查结果一致。在深潭处，河道地形突变，产生泡漩水，同时也有较高流速，水流流态为复杂的混合流。该河流微生境类型中的一部分可满足漂流性鱼卵的漂流和孵化。⑤混凝土护岸的河道。该河道微生境类型河道指标与前两次混凝土护岸的河道类型调查结果一致，为流速较急的混合流，呈现深流的水流流态。

2011年秋季大渡河河口河流微生境类型主要包括以下五类：①天然河岸的缓坡浅流和浅滩。该生境类型与之前几次调查中天然河岸的缓坡浅流和浅滩类型的特点一致。该河流微生境类型中的浅流较适合幼鱼的索饵，浅滩则适合产黏沉性卵鱼类的产卵繁殖。②天然河岸的斜坡或陡坡的浅流。该河流微生境类型为天然河岸，河岸坡度较陡，多为斜坡，有部分陡坡。河床底质多为大型砾石，河道流速较缓，河水流态多为静水或缓流。该河流微生境类型较适合幼鱼的索饵。③较大块石护岸的开放型河道。该河流微生境类型河岸坡度较陡，多为30°～59°的斜坡，也有部分陡坡。河床底质均为较大的方形块石，为人工块石堆放的护岸，可见多种较高流速的混合流，同时在较深河道，形成泡漩水。该河流微生境类型中较深处适合漂流性鱼卵的漂流和孵化。④深潭。该河流微生境类型河道指标与之前调查到的深潭类型一致。在深潭处，水流流速较高，流态为复杂的混合流。⑤混凝土护岸的河道。该河流微生境类型河道指标与之前调查到的混凝土护岸河道类型一致，为流速较急的混合流，呈现深流的水流流态。

综上所述，四次调查的河流微生境类型在河道生境指标上相吻合，但由于不同季节河流的流量不同，以至于产生了不同的河流流态，所以四次调查的河流微生境类型在细节上有些许的差异。总体上看，河口的河流微生境指标依据人工护岸情况可分为三类，即固化型、开放型和无防护型。

固化型中仅含一类，即混凝土护岸的河流微生境。该类河流微生境坡岸陡峭，水流急，对河岸的冲刷严重，所以对其采取了混凝土护岸的防护措施。河岸河道平直，缺乏天然河道地形地貌的多样性，河岸顺直的水流与河中紊乱的水流混合，常年呈现混流的流态，不能为鱼类提供适宜的栖息场所。

开放型河流微生境可再分为两类：一类是大型块石护岸的浅流；另一类是大型块石护岸的深流。该类河流微生境类型由大型的方块石人工堆砌而成，多沿原有的河岸线进行布设，能在一定程度上保持天然河道地形地貌的多样性。其水流多湍急，坡岸较陡，有部分陡坡，所以多呈现深流的水流流态，水量较充沛的季节，部分河段可以形成泡漩水，为漂流性鱼卵的漂流和孵化提供有利条件，少部分河段坡岸较平缓，河道水流平缓，可成为幼鱼的索饵场所。

无防护型河流微生境可再分为三类：一类是深潭；另一类是天然河道的缓坡浅流；最后一类是天然河道的缓坡浅滩。该类河流微生境反映了调查河段的天然河道情况，不论河床底质、河岸坡度还是河道流态等各方面都丰富多样，是水生生物特别是鱼类适宜的栖息场所。深潭在枯水期水流平缓，甚至静止，因为有较深的水深，是鱼类冬季的越冬场，丰水期由于地形的突变，多可形成泡漩水，为漂流性鱼卵的漂流和孵化提供有利条件。天然河道的缓坡浅流河床底质类型丰富，有粗砾、中砾和砂砾，水流较平缓，是适合幼鱼的索饵场。天然河道的缓坡浅滩，多为粗砾和中砾的卵石滩，有一定流速，成为极好的产黏沉性卵鱼类的产卵场。

9.2.4 大渡河河口段水生生物指标因子与河流微生境因子的相关关系

相关性分析是指对两个或多个具备相关性的变量元素进行分析，从而衡量两个变量因素的相关密切程度。

本小节利用 SPSS17.0 软件对水生生物指标因子与河流微生境指标因子进行 Pearson 相关性分析，探讨不同河流微生境指标与水生生物密度、生物量、多样性指数等指标间的耦合关系。

1. 浮游植物生物指标因子与河流微生境因子的相关关系

对浮游植物生物指标因子与河流微生境因子进行 Pearson 相关性分析，分析结果见表 9.12～表 9.15。

表 9.12　2010 年春季浮游植物生物指标因子与河流微生境因子相关系数

	河岸坡度	河床底质类型	护岸类型	水流类型	河道生境类型	浮游植物种类	浮游植物密度	浮游植物生物量	浮游植物多样性指数
河岸坡度	1.000	−0.269	**0.525****	0.240	**0.648****	0.181	−0.185	0.133	−0.296
河床底质类型	−0.269	1.000	0.074	−0.204	−0.221	−0.108	**−0.443***	**−0.484****	**−0.602****
护岸类型	**0.525****	0.074	1.000	0.108	0.141	0.010	−0.255	−0.281	**−0.615****
水流类型	0.240	−0.204	0.108	1.000	0.008	**0.378***	0.115	0.189	−0.210
河道生境类型	**0.648****	−0.221	0.141	0.008	1.000	−0.003	−0.104	0.038	−0.109
浮游植物种类	0.181	−0.108	0.010	**0.378***	−0.003	1.000	**0.576****	0.327	**0.381***
浮游植物密度	−0.185	**−0.443***	−0.255	0.115	−0.104	**0.576****	1.000	**0.721****	**0.649****
浮游植物生物量	0.133	**−0.484****	−0.281	0.189	0.038	0.327	**0.721****	1.000	**0.502****
浮游植物多样性指数	−0.296	**−0.602****	**−0.615****	−0.210	−0.109	**0.381***	**0.649****	**0.502****	1.000

注：*显著相关；**极显著相关。

表 9.13　2010 年秋季浮游植物生物指标因子与河流微生境因子相关系数

	河岸坡度	河床底质类型	护岸类型	水流类型	河道生境类型	浮游植物种类	浮游植物密度	浮游植物生物量	浮游植物多样性指数
河岸坡度	1.000	−0.173	0.377	**0.417***	**0.763****	−0.147	−0.076	0.133	−0.079
河床底质类型	−0.173	1.000	**0.347***	**−0.458****	**−0.362***	0.223	**0.447***	0.208	0.019
护岸类型	0.377	**0.347***	1.000	−0.236	−0.021	−0.055	**0.458***	**0.551****	0.201
水流类型	**0.417***	**−0.458****	−0.236	1.000	**0.491****	−0.121	**−0.507****	−0.277	−0.033
河道生境类型	**0.763****	**−0.362***	−0.021	**0.491****	1.000	−0.128	−0.063	0.125	−0.057
浮游植物种类	−0.147	0.223	−0.055	−0.121	−0.128	1.000	0.192	−0.031	0.011
浮游植物密度	−0.076	**0.447***	**0.458***	**−0.507****	−0.063	0.192	1.000	**0.681****	−0.133
浮游植物生物量	0.133	0.208	**0.551****	−0.277	0.125	−0.031	**0.681****	1.000	−0.100
浮游植物多样性指数	−0.079	0.019	0.201	−0.033	−0.057	0.011	−0.133	−0.100	1.000

注：*显著相关；**极显著相关。

表 9.14 2011 年春季浮游植物生物指标因子与河流微生境因子相关系数

	河岸坡度	河床底质类型	护岸类型	水流类型	河道生境类型	浮游植物种类	浮游植物密度	浮游植物生物量	浮游植物多样性指数
河岸坡度	1.000	0.049	0.373	**0.512***	**0.692****	−0.023	0.396	−0.320	**−0.548***
河床底质类型	0.049	1.000	**0.749****	−0.189	−0.289	−0.003	0.014	−0.011	−0.301
护岸类型	0.373	**0.749****	1.000	0.193	0.093	−0.046	0.000	−0.151	−0.373
水流类型	**0.512***	−0.189	0.193	1.000	**0.470***	−0.291	−0.219	−0.224	−0.169
河道生境类型	**0.692****	−0.289	0.093	**0.470***	1.000	−0.028	0.203	−0.340	**−0.443***
浮游植物种类	−0.023	−0.003	−0.046	−0.291	−0.028	1.000	0.390	0.318	0.352
浮游植物密度	0.396	0.014	0.000	−0.219	0.203	0.390	1.000	0.288	−0.165
浮游植物生物量	−0.320	−0.011	−0.151	−0.224	−0.340	0.318	0.288	1.000	**0.532****
浮游植物多样性指数	**−0.548***	−0.301	−0.373	−0.169	**−0.443***	0.352	−0.165	**0.532****	1.000

注：*显著相关；**极显著相关。

表 9.15 2011 年秋季浮游植物生物指标因子与河流微生境因子相关系数

	河岸坡度	河床底质类型	护岸类型	水流类型	河道生境类型	浮游植物种类	浮游植物密度	浮游植物生物量	浮游植物多样性指数
河岸坡度	1.000	0.155	**0.565****	0.201	**0.553****	−0.188	−0.220	−0.029	0.068
河床底质类型	0.155	1.000	**0.498***	0.039	−0.115	−0.205	−0.238	−0.089	0.166
护岸类型	**0.565****	**0.498***	1.000	**0.434***	0.225	−0.254	−0.134	0.126	0.360
水流类型	0.201	0.039	**0.434***	1.000	**0.436***	**−0.532***	−0.393	0.245	0.354
河道生境类型	**0.553****	−0.115	0.225	**0.436***	1.000	−0.172	−0.128	−0.114	0.079
浮游植物种类	−0.188	−0.205	−0.254	**−0.532***	−0.172	1.000	**0.633****	0.043	−0.426
浮游植物密度	−0.220	−0.238	−0.134	−0.393	−0.128	**0.633****	1.000	0.377	**−0.492***
浮游植物生物量	−0.029	−0.089	0.126	0.245	−0.114	0.043	0.377	1.000	0.176
浮游植物多样性指数	0.068	0.166	0.360	0.354	0.079	−0.426	**−0.492***	0.176	1.000

注：*显著相关；**极显著相关。

由表 9.12～表 9.15 可以看出，浮游植物种类与水流类型有一定的相关性，2010 年春季和 2011 年秋季浮游植物种类均与水流类型相关性显著。浮游植物密度与多个河流微生境指标有相关性，2010 年春季和秋季，浮游植物密度均与河床底质类型相关性显著，2010 年秋季浮游植物密度与水流类型相关性极其显著，与护岸类型相关性显著。浮游植物生物量在 2010 年春季与河床底质类型相关性极其显著；2010 年秋季与护岸类型相关性极其显著。浮游植物多样性指数也与多个河流微生境因子相关，2010 年春季与河床底质类型和护岸类型均相关性极其显著；2011 年春季与河岸坡度和河道生境类型均相关性显著。

四次调查显示，浮游植物种类与水流类型相关性显著，密度、生物量和多样性指数与河床底质类型和护岸类型相关性显著或极其显著，浮游植物密度、生物量和多样性指数与水流类型、河道生境类型这两个受季节、来水量影响的指标在有些时候也有显著的相关性。

从不同季节上看，浮游植物种类春季与水流类型正相关，流速较高的混合流浮游植物种类较丰富；秋季与水流类型负相关，流速较低的滞水水流和缓流浮游植物种类较丰富。浮游植物密度春季与河床底质类型负相关，大型的块石底质浮游植物密度较高；秋季与水流类型呈极其显著的负相关，与河床底质类型和护岸情况正相关，流速较低的滞水水流和缓流浮游植物密度较高，细小颗粒底质（多为缓坡浅流）与人工护岸的浮游植物密度较高。生物量春季与河床底质类型呈极其显著的负相关，大型的块石底质浮游植物生物量较高；秋季与护岸类型呈极其显著的正相关，人工护岸的浮游植物生物量最高。多样性指数春季与河床底质类型和护岸类型呈极其显著的负相关，与河岸坡度和河道生境类型呈显著的负相关，大型块石和天然河岸浮游植物多样性指数较高，缓坡和浅滩、浅流浮游植物多样性指数较高。

以上分析可以看出，大型块石堆砌的浅滩或流速较低的静水或缓流水域中浮游植物的种类、生物量和多样性指数相对较高，所以，在生物栖息地的修复中，选择用大型块石堆砌成浅滩或打造流速较低的静水或缓流水域，有利于提高浮游植物的种类、生物量和多样性，为幼鱼的索饵觅食创造良好的饵料基础，成为幼鱼的索饵场。

2. 浮游动物生物指标因子与河流微生境因子的相关关系

对浮游动物生物指标因子与河流微生境因子进行 Pearson 相关性分析，分析结果见表 9.16～表 9.19。

表 9.16　2010 年春季浮游动物生物指标因子与河流微生境因子相关系数

	河岸坡度	河床底质类型	护岸类型	水流类型	河道生境类型	浮游动物种类	浮游动物密度	浮游动物生物量	浮游动物多样性指数
河岸坡度	1.000	−0.269	**0.525****	0.240	**0.648****	0.000	−0.176	−0.116	−0.302
河床底质类型	−0.269	1.000	0.074	−0.204	−0.221	0.222	0.026	0.087	−0.130
护岸类型	**0.525****	0.074	1.000	0.108	0.141	−0.042	**−0.406***	**−0.410***	**−0.469****
水流类型	0.240	−0.204	0.108	1.000	0.008	**−0.363***	−0.160	−0.220	**−0.414***

续表

	河岸坡度	河床底质类型	护岸类型	水流类型	河道生境类型	浮游动物种类	浮游动物密度	浮游动物生物量	浮游动物多样性指数
河道生境类型	**0.648****	−0.221	0.141	0.008	1.000	−0.095	−0.172	−0.249	−0.083
浮游动物种类	0.000	0.222	−0.042	**−0.363***	−0.095	1.000	0.119	0.190	0.175
浮游动物密度	−0.176	0.026	**−0.406***	−0.160	−0.172	0.119	1.000	**0.852****	**0.687****
浮游动物生物量	−0.116	0.087	**−0.410***	−0.220	−0.249	0.190	**0.852****	1.000	**0.531****
浮游动物多样性指数	−0.302	−0.130	**−0.469****	**−0.414***	−0.083	0.175	**0.687****	**0.531****	1.000

注：*显著相关；**极显著相关。

表 9.17　2010 年秋季浮游动物生物指标因子与河流微生境因子相关系数

	河岸坡度	河床底质类型	护岸类型	水流类型	河道生境类型	浮游动物种类	浮游动物密度	浮游动物生物量	浮游动物多样性指数
河岸坡度	1.000	−0.173	0.377	**0.417***	**0.763****	−0.208	−0.060	−0.037	−0.251
河床底质类型	−0.173	1.000	**0.347***	**−0.458****	**−0.362***	0.244	**0.601****	**0.526****	**0.489***
护岸类型	0.377	**0.347***	1.000	−0.236	−0.021	0.111	**0.523****	0.170	**0.427***
水流类型	**0.417***	**−0.458****	−0.236	1.000	**0.491****	−0.229	**−0.473****	−0.342	**−0.594****
河道生境类型	**0.763****	**−0.362***	−0.021	**0.491****	1.000	−0.121	−0.183	−0.216	−0.239
浮游动物种类	−0.208	0.244	0.111	−0.229	−0.121	1.000	**0.597****	0.340	**0.493***
浮游动物密度	−0.060	**0.601****	**0.523****	**−0.473****	−0.183	**0.597****	1.000	**0.472****	**0.774****
浮游动物生物量	−0.037	**0.526****	0.170	−0.342	−0.216	0.340	**0.472****	1.000	**0.625****
浮游动物多样性指数	−0.251	**0.489***	**0.427***	**−0.594****	−0.239	**0.493***	**0.774****	**0.625****	1.000

注：*显著相关；**极显著相关。

表 9.18　2011 年春季浮游动物生物指标因子与河流微生境因子相关系数

	河岸坡度	河床底质类型	护岸类型	水流类型	河道生境类型	浮游动物种类	浮游动物密度	浮游动物生物量	浮游动物多样性指数
河岸坡度	1.000	0.049	0.373	**0.512***	**0.692****	−0.205	−0.424	−0.418	**−0.772****
河床底质类型	0.049	1.000	**0.749****	−0.189	−0.289	−0.167	−0.039	0.017	−0.087
护岸类型	0.373	**0.749****	1.000	0.193	0.093	−0.124	−0.183	−0.069	−0.229
水流类型	**0.512***	−0.189	0.193	1.000	**0.470***	−0.341	−0.338	**−0.448***	**−0.655****
河道生境类型	**0.692****	−0.289	0.093	**0.470***	1.000	−0.082	−0.227	−0.332	−0.411

续表

	河岸坡度	河床底质类型	护岸类型	水流类型	河道生境类型	浮游动物种类	浮游动物密度	浮游动物生物量	浮游动物多样性指数
浮游动物种类	−0.205	−0.167	−0.124	−0.341	−0.082	1.000	**0.448***	**0.486***	**0.557****
浮游动物密度	−0.424	−0.039	−0.183	−0.338	−0.227	**0.448***	1.000	**0.691****	**0.658****
浮游动物生物量	−0.418	0.017	−0.069	**−0.448***	−0.332	**0.486***	**0.691****	1.000	**0.715****
浮游动物多样性指数	**−0.772****	−0.087	−0.229	**−0.655****	−0.411	**0.557****	**0.658****	**0.715****	1.000

注：*显著相关；**极显著相关。

表 9.19　2011 年秋季浮游动物生物指标因子与河流微生境因子相关系数

	河岸坡度	河床底质类型	护岸类型	水流类型	河道生境类型	浮游动物种类	浮游动物密度	浮游动物生物量	浮游动物多样性指数
河岸坡度	1.000	0.155	**0.565****	0.201	**0.553****	−0.386	−0.305	−0.115	**−0.488***
河床底质类型	0.155	1.000	**0.498***	0.039	−0.115	−0.105	−0.213	−0.198	−0.283
护岸类型	**0.565****	**0.498***	1.000	**0.434***	0.225	−0.267	−0.249	−0.248	−0.338
水流类型	0.201	0.039	**0.434***	1.000	**0.436***	**−0.503***	−0.410	0.135	**−0.649****
河道生境类型	**0.553****	−0.115	0.225	**0.436***	1.000	0.004	−0.076	0.160	−0.407
浮游动物种类	−0.386	−0.105	−0.267	**−0.503***	0.004	1.000	**0.546***	−0.152	**0.575****
浮游动物密度	−0.305	−0.213	−0.249	−0.410	−0.076	**0.546***	1.000	0.389	**0.732****
浮游动物生物量	−0.115	−0.198	−0.248	0.135	0.160	−0.152	0.389	1.000	0.162
浮游动物多样性指数	**−0.488***	−0.283	−0.338	**−0.649****	−0.407	**0.575****	**0.732****	0.162	1.000

注：*显著相关；**极显著相关。

由表 9.16～表 9.19 可以看出，浮游动物种类与水流类型有一定的相关性，在 2010 年春季和 2011 年秋季浮游动物种类均与水流类型相关性显著。浮游动物密度与多个河流微生境指标有相关性，在 2010 年的两次调查，浮游动物密度均与护岸类型相关性显著或极其显著；2010 年秋季浮游动物密度与河床底质类型、水流类型相关性极其显著。浮游动物生物量在 2010 年春季与护岸类型相关性显著；2010 年秋季与河床底质类型相关性极其显著；2011 年春季与水流类型相关性显著。浮游动物多样性指数也与多个河流微生境因子相关；2010 年春季与水流类型、护岸类型均相关性显著；2010 年秋季与河床底质类型、水流类型、护岸类型相关性显著或极其显著；2011 年春季与河岸坡度、水流类型相关性极其显著；2011 年秋季与河岸坡度、水流类型相关性显著或极其显著。

四次调查显示，浮游动物种类与水流类型相关性显著，浮游动物密度、生物量和多样性指数与水流类型、河床底质类型、护岸类型相关性显著或极其显著，浮游动物多样性指数还与河岸坡度相关性显著或极其显著。

从不同季节上看，浮游动物种类春季和秋季均与水流类型负相关，流速较低的滞水水流和缓流浮游动物种类较丰富。浮游动物密度春季与护岸类型负相关，无防护的天然河岸带浮游动物密度较高；秋季与护岸类型呈极其显著的正相关关系，固化型的河岸带密度较高，与河床底质类型呈极其显著的正相关关系，细小颗粒底质（多为缓坡浅流）的浮游动物密度较高，与水流类型呈极其显著的负相关，流速较低的滞水水流和缓流浮游动物密度较高。浮游动物生物量春季与水流类型、护岸类型负相关，天然河岸带和流速较低的滞水水流、缓流生境浮游动物生物量较高；秋季与河床底质类型呈极其显著的正相关，细小颗粒底质（多为缓坡浅流）生境的浮游动物生物量较高。浮游动物多样性指数春季与河岸坡度、水流类型和护岸类型呈极其显著的负相关，缓坡、静缓流水、天然河岸带的生境浮游动物多样性指数较高；秋季与河岸坡度和水流类型呈显著或极其显著的负相关关系，缓坡、静缓流生境的浮游动物多样性指数较高，与河床底质类型、护岸类型正相关，细小颗粒底质（多为缓坡浅流）、固化型生境的浮游动物多样性指数较高。

以上分析可以看出，流速较低的静水或缓流水域中浮游动物的种类、生物量和多样性指数相对较高，所以，在生物栖息地的修复中，可以尽量打造流速较低的静缓流水域，有利于提高浮游动物的种类、生物量和多样性，可以为幼鱼的索饵觅食创造良好的饵料基础，成为幼鱼的索饵场。

3. 底栖动物生物指标因子与河流微生境因子的相关关系

对底栖动物生物指标因子与河流微生境因子进行 Pearson 相关性分析，分析结果见表 9.20～表 9.23。

表 9.20　2010 年春季底栖动物生物指标因子与河流微生境因子相关系数

	河岸坡度	河床底质类型	护岸类型	水流类型	河道生境类型	底栖动物种类	底栖动物密度	底栖动物生物量
河岸坡度	1.000	−0.269	**0.525****	0.240	**0.648****	0.126	0.325	−0.244
河床底质类型	−0.269	1.000	0.074	−0.204	−0.221	−0.026	0.135	0.000
护岸类型	**0.525****	0.074	1.000	0.108	0.141	0.043	0.305	−0.105
水流类型	0.240	−0.204	0.108	1.000	0.008	**−0.348***	−0.233	**−0.415***
河道生境类型	**0.648****	−0.221	0.141	0.008	1.000	0.040	0.228	−0.080
底栖动物种类	0.126	−0.026	0.043	**−0.348***	0.040	1.000	**0.812****	**0.397***
底栖动物密度	0.325	0.135	0.305	−0.233	0.228	**0.812****	1.000	**0.500****
底栖动物生物量	−0.244	0.000	−0.105	**−0.415***	−0.080	**0.397***	**0.500****	1.000

注：*显著相关；**极显著相关。

表 9.21　2010 年秋季底栖动物生物指标因子与河流微生境因子相关系数

	河岸坡度	河床底质类型	护岸类型	水流类型	河道生境类型	底栖动物种类	底栖动物密度	底栖动物生物量
河岸坡度	1.000	−0.173	0.377	**0.417***	**0.763****	−0.132	−0.114	−0.138
河床底质类型	−0.173	1.000	**0.347***	**−0.458****	**−0.362***	0.136	0.214	0.204
护岸类型	0.377	**0.347***	1.000	−0.236	−0.021	**0.351***	0.268	0.228
水流类型	**0.417***	**−0.458****	−0.236	1.000	**0.491****	**−0.516****	**−0.350***	−0.306
河道生境类型	**0.763****	**−0.362***	−0.021	**0.491****	1.000	−0.238	−0.156	−0.151
底栖动物种类	−0.132	0.136	**0.351***	**−0.516****	−0.238	1.000	**0.902****	**0.856****
底栖动物密度	−0.114	0.214	0.268	**−0.350***	−0.156	**0.902****	1.000	**0.988****
底栖动物生物量	−0.138	0.204	0.228	−0.306	−0.151	**0.856****	**0.988****	1.000

注：*显著相关；**极显著相关。

表 9.22　2011 年春季底栖动物生物指标因子与河流微生境因子相关系数

	河岸坡度	河床底质类型	护岸类型	水流类型	河道生境类型	底栖动物种类	底栖动物密度	底栖动物生物量
河岸坡度	1.000	0.049	0.373	**0.512***	**0.692****	−0.332	−0.250	−0.414
河床底质类型	0.049	1.000	**0.749****	−0.189	−0.289	−0.112	−0.044	−0.017
护岸类型	0.373	**0.749****	1.000	0.193	0.093	−0.190	−0.154	−0.279
水流类型	**0.512***	−0.189	0.193	1.000	**0.470***	−0.045	−0.159	−0.328
河道生境类型	**0.692****	−0.289	0.093	**0.470***	1.000	−0.248	−0.235	**−0.472***
底栖动物种类	−0.332	−0.112	−0.190	−0.045	−0.248	1.000	**0.778****	**0.783****
底栖动物密度	−0.250	−0.044	−0.154	−0.159	−0.235	**0.778****	1.000	**0.527****
底栖动物生物量	−0.414	−0.017	−0.279	−0.328	**−0.472***	**0.783****	**0.527****	1.000

注：*显著相关；**极显著相关。

表 9.23　2011 年秋季底栖动物生物指标因子与河流微生境因子相关系数

	河岸坡度	河床底质类型	护岸类型	水流类型	河道生境类型	底栖动物种类	底栖动物密度	底栖动物生物量
河岸坡度	1.000	0.155	**0.565****	0.201	**0.553****	**0.467***	0.301	0.356
河床底质类型	0.155	1.000	**0.498***	0.039	−0.115	−0.340	−0.289	−0.303
护岸类型	**0.565****	**0.498***	1.000	**0.434***	0.225	−0.128	−0.111	−0.276

续表

	河岸坡度	河床底质类型	护岸类型	水流类型	河道生境类型	底栖动物种类	底栖动物密度	底栖动物生物量
水流类型	0.201	0.039	**0.434***	1.000	**0.436***	−0.256	−0.201	−0.335
河道生境类型	**0.553****	−0.115	0.225	**0.436***	1.000	0.319	0.155	0.074
底栖动物种类	**0.467***	−0.340	−0.128	−0.256	0.319	1.000	**0.874****	**0.732****
底栖动物密度	0.301	−0.289	−0.111	−0.201	0.155	**0.874****	1.000	**0.656****
底栖动物生物量	0.356	−0.303	−0.276	−0.335	0.074	**0.732****	**0.656****	1.000

注：*显著相关；**极显著相关。

由表 9.20～表 9.23 可以看出，底栖动物种类与多个河流微生境因子有相关性，2010 年春季底栖动物种类与水流类型相关性显著，2010 年秋季底栖动物种类与水流类型相关性极其显著，与护岸类型相关性显著，2011 年秋季底栖动物种类与河岸坡度相关性显著。底栖动物密度在 2010 年秋季与水流类型相关性显著。底栖动物生物量在 2010 年春季与水流类型相关性显著，2011 年春季与河道生境类型相关性显著。

四次调查显示，底栖动物种类、密度、生物量与水流类型相关性显著或极其显著，底栖动物种类与护岸类型和河岸坡度也会有一定的相关性，底栖动物生物量与河道生境类型也会有一定的相关性。

从季节上看，底栖动物种类春季和秋季均与水流类型呈显著或极其显著的负相关，另外，春季与河岸坡度正相关，秋季与护岸类型正相关，即静水或缓流的水域底栖动物种类较丰富，春季陡峭的河岸坡度底栖动物种类较丰富，秋季人工护岸的种类较丰富。底栖动物密度春季与水流类型负相关，春季静水或缓流水域底栖动物的密度较高。底栖动物生物量春季与水流类型或河道生境类型负相关，秋季静水或缓流水域或浅流、浅滩的底栖动物生物量较丰富。

以上分析可以看出，流速较低的静水或缓流水域中底栖动物的种类、生物量相对较高，因此，在生物栖息地的修复中，可以尽量打造流速较低的静水或缓流水域，这有利于提高底栖动物的种类、生物量，可以为幼鱼的索饵觅食创造良好的饵料基础，成为幼鱼的索饵场。

9.3 大渡河河口河道流场模拟

9.3.1 研究方法

1. 计算范围

计算范围为大渡河安谷水电站沙湾镇至大渡河河口，边界条件为上游彩虹桥到下游泄洪渠尾（图 9.10）。

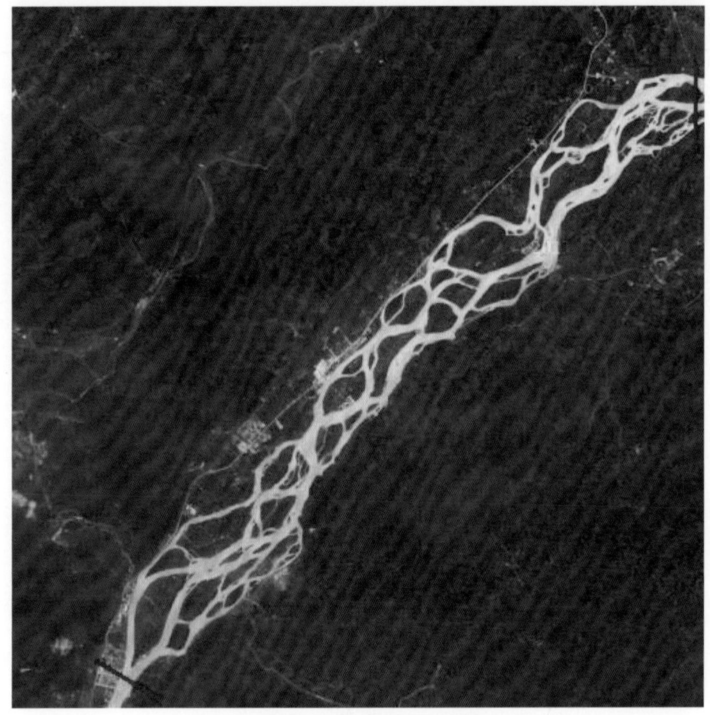

图 9.10 计算范围示意图

2. 基本方程

对于浅水域，在垂直方向上可以认为各相关物理量沿水深变化相对于沿水平方向的变化小，所以，通过各物理量沿水深积分得到垂向平均的二维浅水方程组来描述流体运动。为此对维纳-斯托克斯（Navier-Stokes）方程做了如下假设。

（1）静压假设：在浅水域，垂向深度相比于水平方向的尺寸小很多，所以，垂向加速度与重力加速度相比甚微，可以略去不计，垂向动量方程中略去方向加速度而近似假定为静水压强关系。

（2）布西内斯克（Boussinesq）近似：自然界中的水体，其温度、盐度和物质浓度随着空间和时间的变化而发生改变，这也将引起密度的变化，但在实际中，水体密度的变化相对较小，而且密度变化对质量产生的影响很小。因此，对于绝大多数水环境问题，除了在动量方程的重力项中必须考虑密度外，其余各项均可忽略密度变化的影响，视密度为常数。

（3）Boussinesq 假设：由于在运动方程中包含了较难处理的雷诺应力张量，Boussinesq 在 1877 年提出了关于可以将水流紊动应力类比成层流黏性应力的假设，即用层流黏性应力的形式对紊动应力进行变量化。

本小节在浅水假设（即静压假设）以及 Boussinesq 假设条件下采用 Navier-Stokes 方程水动力模拟研究。在模拟中采用贴体正交技术，把复杂多变边界的几何区域转换成规则的计算区域，通过变换可得正交曲线坐标下的 Navier-Stokes 方程。

连续方程：

$$\frac{\partial \zeta}{\partial t}+\frac{\partial[h\bar{U}]}{\partial x}+\frac{\partial[h\bar{V}]}{\partial y}=S$$

式中：S 表示单元面积流入或流出的水量；ζ 表示水位；$\bar{U}$、$\bar{V}$ 分别表示在 σ 坐标下某一层的垂向平均流速的 x、y 方向分量。

水平动量方程：

$$\frac{\partial U}{\partial t}+U\frac{\partial U}{\partial x}+V\frac{\partial U}{\partial y}+\frac{\omega}{h}\frac{\partial U}{\partial \sigma}-fV=-\frac{1}{\rho_0}P_x+F_x+M_x+\frac{1}{h^2}\frac{\partial}{\partial \sigma}\left(\nu_{\mathrm{V}}\frac{\partial u}{\partial \sigma}\right)$$

$$\frac{\partial V}{\partial t}+U\frac{\partial V}{\partial x}+V\frac{\partial V}{\partial y}+\frac{\omega}{h}\frac{\partial V}{\partial \sigma}-fU=-\frac{1}{\rho_0}P_y+F_y+M_y+\frac{1}{h^2}\frac{\partial}{\partial \sigma}\left(\nu_{\mathrm{V}}\frac{\partial v}{\partial \sigma}\right)$$

其中水平方向的压力项 P_x 和 P_y 由下式给出（Boussinesq 近似）

$$\frac{1}{\rho_0}P_x=g\frac{\partial \zeta}{\partial x}+g\frac{h}{\rho_0}\int_{\sigma}^{0}\left(\frac{\partial \rho}{\partial x}+\frac{\partial \sigma'}{\partial x}\frac{\partial \rho}{\partial \sigma'}\right)d\sigma'$$

$$\frac{1}{\rho_0}P_y=g\frac{\partial \zeta}{\partial y}+g\frac{h}{\rho_0}\int_{\sigma}^{0}\left(\frac{\partial \rho}{\partial y}+\frac{\partial \sigma'}{\partial y}\frac{\partial \rho}{\partial \sigma'}\right)d\sigma'$$

式中：F_x 和 F_y 为水平雷诺应力项，对于大尺度范围的数值模拟，可简化为

$$F_x=\nu_{\mathrm{H}}\left(\frac{\partial^2 U}{\partial x^2}+\frac{\partial^2 U}{\partial y^2}\right)$$

$$F_y=\nu_{\mathrm{H}}\left(\frac{\partial^2 V}{\partial x^2}+\frac{\partial^2 V}{\partial y^2}\right)$$

式中：M_x 和 M_y 表示外部源和汇的动量；U 表示 x 方向流速；V 表示 y 方向流速；ν_{V} 表示垂直方向动力黏滞系数，ν_{H} 表示水平方向动力黏滞系数；ρ_0、ρ 分别表示水的参考密度和水体实际密度（包括盐度、温度与泥沙等）；g 表示重力加速度；h 表示水深；ω 表示 σ 坐标下的 z 方向流速；F 表示科里奥利力的影响。

3. 初始条件及边界条件

初始条件以零启动形式给出，以零流速作为初始条件，同时给出初始水位值。固壁边界采用无滑动条件。河道上下游边界采用流量—水位边界条件，上游采用流量边界条件，下游为水位边界条件。边界条件采用水文站实测数据。

参考同类地区河流水流模拟计算成果，整个河段糙率参数 n 设置为 0.03。

4. 计算方法

采用交错格网，基于有限差分法的数学模型，使用的计算方法是有限差分法（finite difference method）中的交替方向隐格式（alternating direction implicit scheme，ADI scheme）进行计算。具体的是采用正交曲线格网进行空间离散化，对原方程组的求解转化为对正交曲线格网上的离散点的参数求解。模型中水位、流速及水深等参数在正交曲线格网上的分

布与在一般采用的有限差分法的网格上分布不相同。时间步长应满足稳定条件。

根据时间步长条件要求时间参数计算步长设置为 0.2 min。

5. 网格划分

全江段共划分 720×175 个网格，工程修建后左侧河道 790×22 个网格，库区 654×76 个网格，泄洪渠 516×50 个网格，最小网格单元的面积为 10 m×10 m。

6. 地形数字图形的处理

本小节对数字地形图和安谷水电站规划图进行处理，前期主要采用 ArcGIS、Auto CAD、Mapinfo 等地形处理软件，后期主要采用 ArcMap、Tecplot、Surfer 等分析软件，提取工程修建前后的地形散点文件，进行地形数字化处理。

7. 计算方案

为分析大渡河河口工程建设前后的流场分布规律，需要对安谷水电站修建前后河口的水文条件方案进行设置。

1）工程修建前

考虑资料的可靠性、代表性和一致性，以大渡河铜街子水文站多年平均流量数据为基础，进行流量条件设置（表 9.24）。

表 9.24　大渡河铜街子水文站多年平均流量条件　（单位：m^3/s）

月份	流量
1	459
2	403
3	426
4	616
5	1 240
6	2 520
7	3 210
8	2 610
9	2 750
10	1 920
11	1 000
12	621

2）工程修建后

安谷水电站修建后该河段主要分为三部分，左侧河道、库区以及泄洪渠。根据安谷水电站运行调度原则，分别设定左侧河道、右侧库区和泄洪渠下泄流量条件。

（1）左侧河道按照两种下泄方案，即 100 m^3/s 和 600 m^3/s；

（2）综合考虑多年平均天然来水流量与左侧河道流量分流下泄的共同作用，设置库区流量条件（表 9.25）。

（3）泄洪渠下泄流量为 50 m^3/s 或分流下泄、敞泄。

表 9.25 库区入流条件 单位：m^3/s

月份	流量
1	359
2	303
3	326
4	516
5	1 140
6	2 420
7	2 610
8	2 510
9	2 150
10	1 820
11	900
12	521

9.3.2 大渡河河口河道地形图件预处理

1. 河道地形网格化处理

对大渡河河口段河道地形的网格化处理结果如图 9.11～图 9.14 所示。

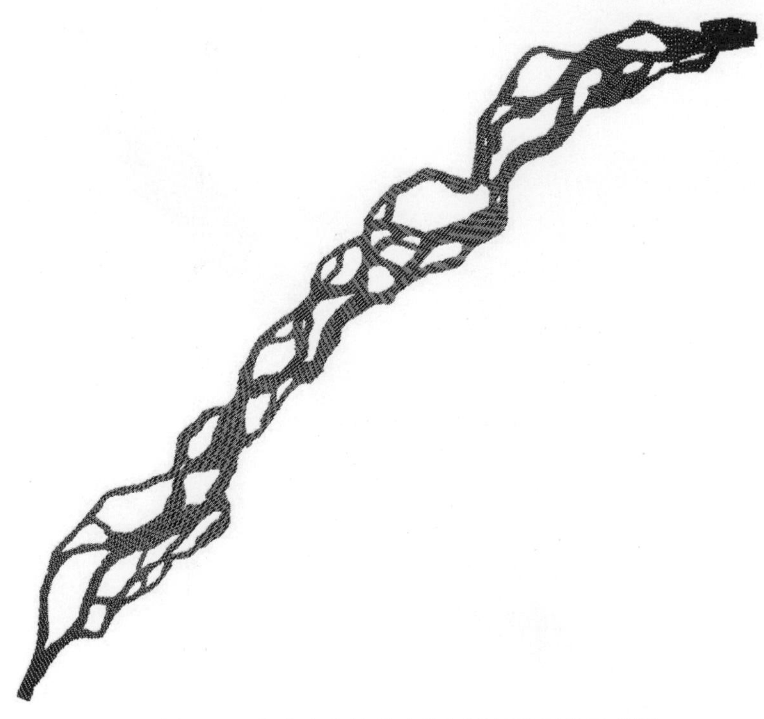

图 9.11 安谷水电站修建前河道网格划分示意图

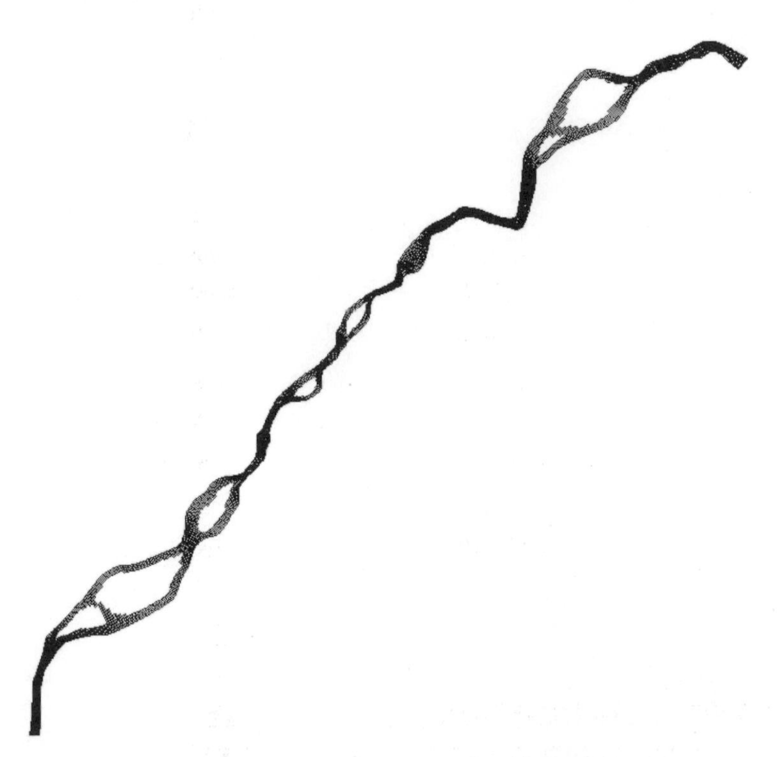

图 9.12 安谷水电站修建后左侧河道网格划分示意图

图 9.13　安谷水电站修建后库区网格划分示意图

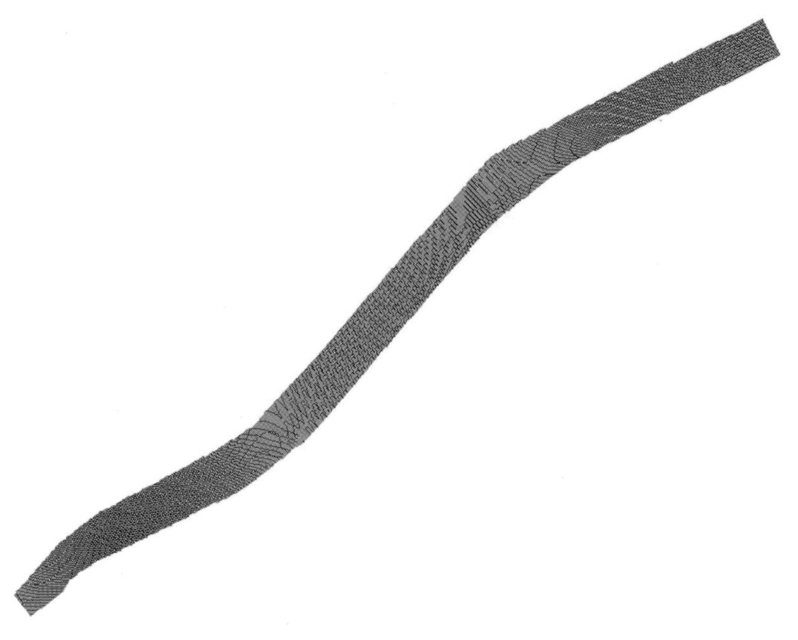

图 9.14　安谷水电站修建后泄洪渠网格划分示意图

2. 河道地形数字图形处理

提取安谷水电站修建前后的地形散点文件，进行地形数字化处理，数字化结果，如图 9.15～图 9.18 所示。

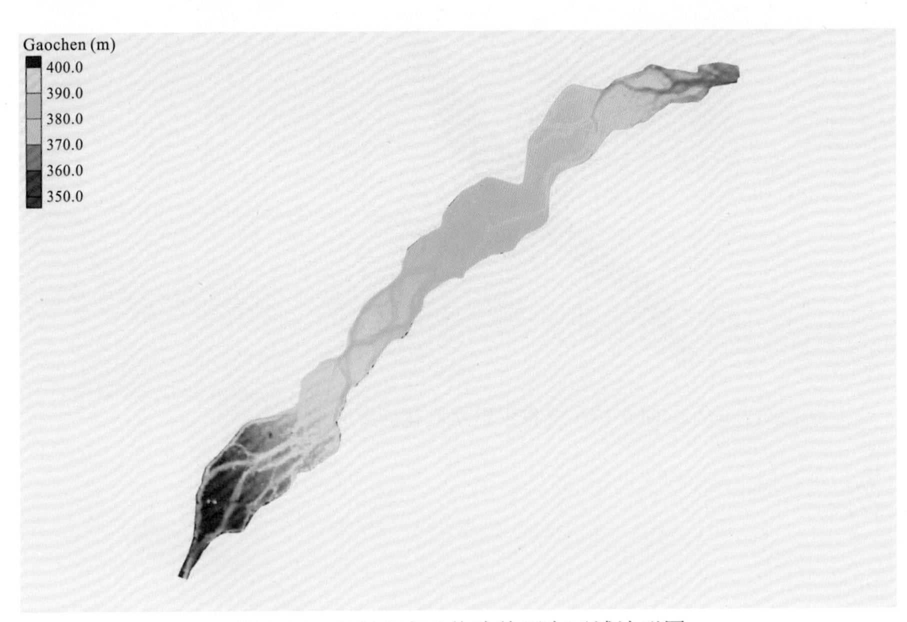

图 9.15 安谷水电站修建前研究区域地形图

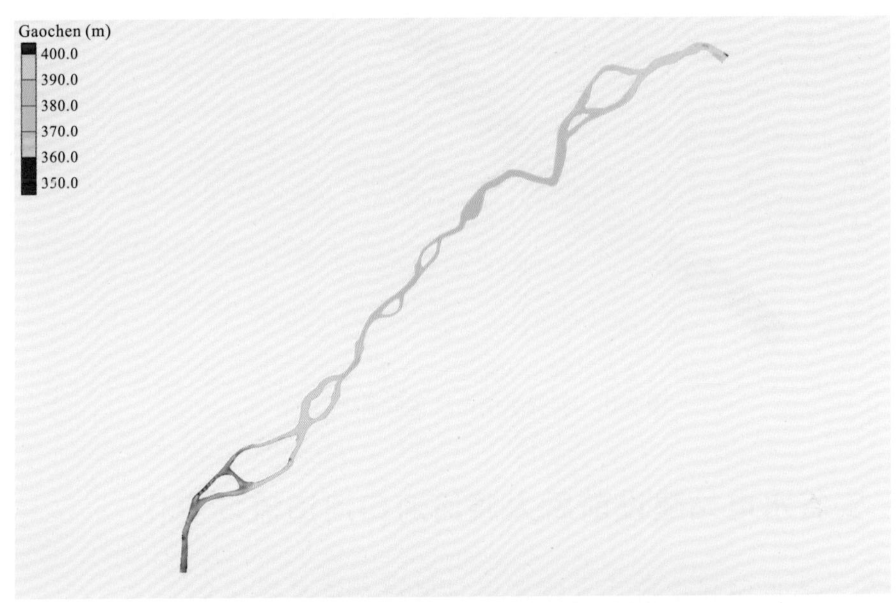

图 9.16 安谷水电站修建后左侧河道研究区域地形图

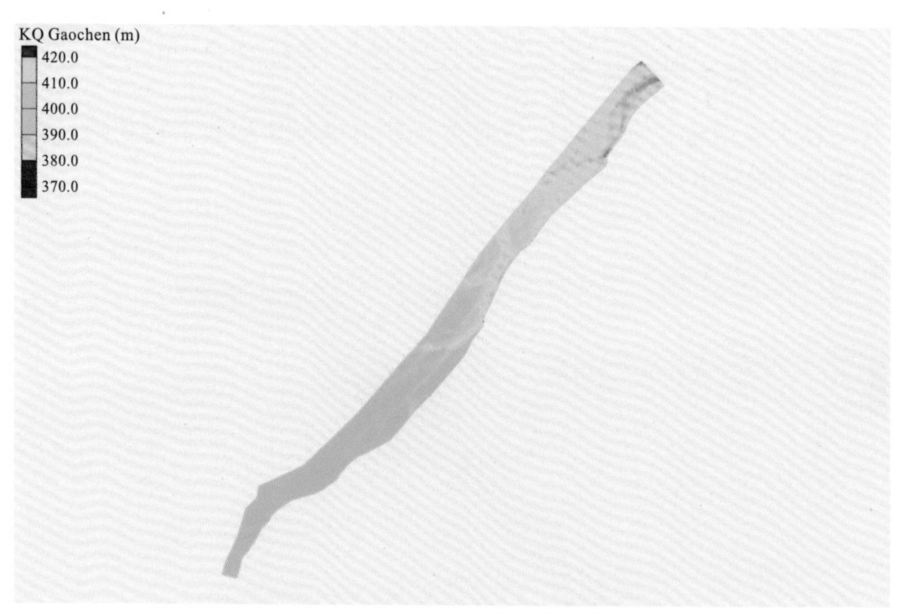

图 9.17　安谷水电站修建后库区地形图

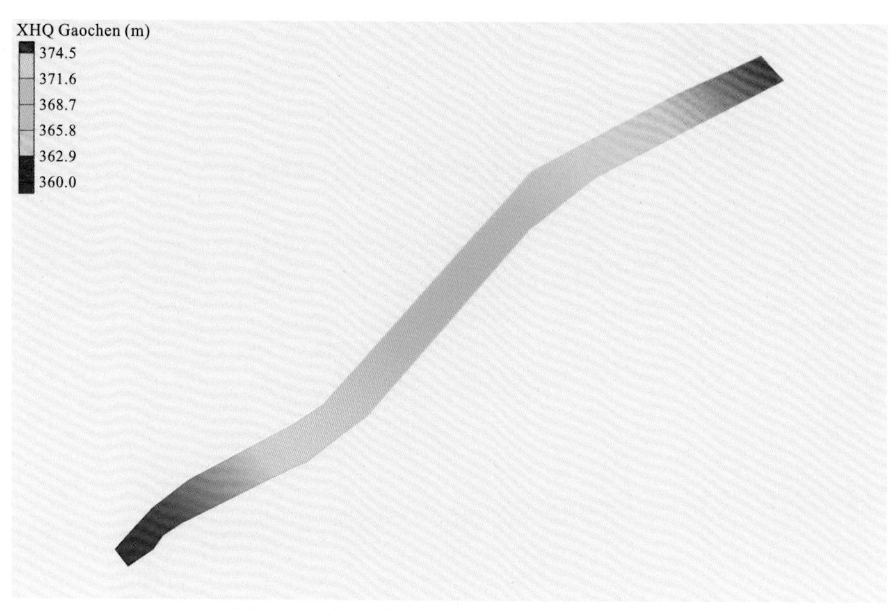

图 9.18　安谷水电站修建后泄洪渠地形图

9.3.3　安谷水电站建设前后大渡河河口河道流场变化

1. 安谷水电站建设前后大渡河河口河道水流参数变化

对安谷水电站工程修建前后大渡河河口河道流场进行对比分析，不同月份不同来流条件下的水深、流速计算结果见表 9.26。

表 9.26　安谷水电站建设前后大渡河河口水流参数计算结果对比表

工况条件		月份	流量条件/（m³/s）	流速范围/（m/s）	流向	水深范围/m	横断面流速变化	速度和深度结合区分布			
								慢+深	慢+浅	快+深	快+浅
工程建设前		1	459	0～5.00	较复杂	0～15.20	较大	较少	较多	少	较多
		2	403	0～5.00	较复杂	0～15.20	较大	较少	较多	少	较多
		3	426	0～5.00	较复杂	0～15.20	较大	较少	较多	少	较多
		4	616	0～5.00	较复杂	0～15.20	较大	较少	较多	少	较多
		5	1 240	0～5.70	复杂	0～16.40	较大	较多	有	有	有
		6	2 520	0～6.00	复杂	0～17.80	大	较多	有	较多	有
		7	3 210	0～6.20	复杂	0～18.60	大	较多	有	较多	有
		8	2 610	0～6.00	复杂	0～17.90	大	较多	有	较多	有
		9	2 750	0～6.00	复杂	0～18.20	大	较多	有	较多	有
		10	1 920	0～5.90	复杂	0～17.20	大	较多	有	较多	有
		11	1 000	0～5.40	复杂	0～16.20	较大	较多	有	有	有
		12	621	0～5.20	复杂	0～15.50	较大	少	较多	少	较多
工程建设后	左侧河道	1～6	100	0～3.66	复杂	0～14.00	一般	有	有	较少	较多
		7～9	100	0～3.66	复杂	0～14.00	一般	有	有	较少	较多
			600	0～4.89	复杂	0～15.00	较大	较多	有	有	有
		10～12	100	0～3.66	复杂	0～14.00	一般	有	有	较少	较多
	库区	1	359	0～0.96	简单	0～21.38	很小	很多	很少	很少	很少
		2	303	0～0.81	简单	0～21.38	很小	很多	很少	很少	很少
		3	326	0～0.87	简单	0～21.38	很小	很多	很少	很少	很少
		4	516	0～1.33	简单	0～21.38	很小	很多	很少	很少	很少
		5	1 140	0～2.30	简单	0～21.38	很小	很多	较少	很少	很少
		6	2 420	0～3.34	简单	0～21.38	很小	很多	较少	很少	很少
		7	2 610	0～3.39	简单	0～21.38	很小	很多	较少	很少	很少
		8	2 510	0～3.37	简单	0～21.38	很小	很多	较少	很少	很少
		9	2 150	0～3.32	简单	0～21.38	很小	很多	很少	很少	很少
		10	1 820	0～3.31	简单	0～21.38	很小	很多	很少	很少	很少
		11	900	0～1.92	简单	0～21.38	很小	很多	很少	很少	很少
		12	521	0～1.33	简单	0～21.38	很小	很多	很少	很少	很少
	泄洪渠	1～12	50	0～0.95	均一化	0～0.72	很小	无	很多	无	无

由表 9.26 可知：天然条件下大渡河河段月均流量变化范围为 403～3 210 m³/s；不同月份对应流速的最大值变化范围为 5.00～6.20 m/s；不同月份对应水深的最大值变化范围

为 15.2～18.6 m；河道流向 1～4 月较复杂，5～12 月复杂；横断面流速变化在 11 月至次年 5 月较大，6～10 月大；将速度和深度结合分析，河口以慢及浅的浅流区和快及浅的浅滩区为主，其次慢及深的深潭也占一定的比例，快+深的深流区相对较少。总的看来，天然河段年内不同月份流量变化明显，河道流向复杂，横断面流速变化大，不同水深和不同流速组合的生境种类多样，流场特征十分复杂。

工程建设后，左侧河道月均流量变化范围为 100～600 m^3/s（7 月流量最大），降低至原天然河道的 3.83%～24.81%，较天然河道明显降低；不同月份对应流速的最大值变化范围为 3.66～4.89 m/s，降低至原天然河道的 61.00%～81.50%，较天然河道稍有降低；不同月份对应水深的最大值变化范围为 14～15 m，降低至原天然河道的 78.65%～92.11%，基本接近天然河道；左侧河道流向全年为复杂；横断面流速变化在 7 月和 9 月较大，其他月份一般；速度和深度结合分析，左侧河道以快、浅的浅滩区为主，其次慢及深的深潭区和慢+浅的浅流区也占一定的比例，快、深的深流区相对较少。总的看来，左侧河道年内不同月份流量趋于均一化，明显低于天然河道，流速稍有降低，水深基本不变，河道流向复杂，横断面流速变化大，不同水深和不同流速组合的生境种类多样，流场特征十分复杂，接近天然河道。

库区月均流量变化范围为 303～2 610 m^3/s，降低至原天然河道的 75.19%～96.17%，基本接近天然河道；不同月份对应流速的最大值变化范围为 0.81～3.39 m/s，降低至原天然河道的 16.20%～56.17%，较天然河道明显降低；不同月份对应水深的最大值均为 21.38 m，增加至原天然河道的 114.95%～140.66%，较天然河道高；库区流向全年为简单；横断面流速变化全年很小；速度和深度结合分析，库区以慢及深的深潭区最多，有少量的慢及浅的浅流区，快及浅的浅滩区和快及深的深流区更少。总的看来，库区年内不同月份流量稍微低于天然河道，流速明显降低，水深增加，河道流向简单，横断面流速变化很小，主要为慢及深的深潭区，流场特征简单，与天然河道差异明显。

泄洪渠月均流量均为 50 m^3/s，降低至原天然河道 1.56%～12.41%，较天然河道显著降低；不同月份对应流速的最大值均为 0.95 m/s，降低至原天然河道的 15.32%～19.00%，较天然河道明显降低；不同月份对应水深的最大值均为 0.72 m，降低至原天然河道的 3.87%～4.74%，较天然河道显著降低；泄洪渠流向全年均一化；横断面流速变化全年很小；速度和深度结合分析，泄洪渠仅有慢及浅的浅流区，其他生境组合类型未见出现。总的看来，泄洪渠年内不同月份流量均一化，显著低于天然河道，流速明显降低，水深也显著变浅，河道流向均一化，横断面流速变化很小，仅有慢及浅的浅流区这一种生境类型，流场特征极简单，基本不具备原天然河道特征。

从以上对比来看，安谷水电站建设后库区和泄洪渠流场特征简单化，与天然河道差异明显，流场多样化急剧减少，已不适合现有天然河道鱼类群落的栖息，难以通过生态修复措施来恢复其栖息地功能；左侧河道流场特征仍十分复杂，能保留多样的生境种类，与天然河道差异较少，通过对左侧河道生物栖息地的修复能有效减少工程建设对河口栖息功能的不利影响。

2. 工程建设前后大渡河河口特定流速和水深的水域面积变化

对安谷水电站工程修建前后大渡河河口河道流场进行对比分析，不同月份来流条件下特定流速、水深的水域面积计算结果见表 9.27 和表 9.28。

表 9.27 安谷水电站建设前后大渡河河口特定流速水域面积统计表

工况条件		月份	流量条件/（m^3/s）	水域面积/km^2	
				流速小于 0.5 m/s	流速大于 3 m/s
工程建设前		1	459	10.597	0.045
		2	403	11.080	0.033
		3	426	10.921	0.040
		4	616	9.951	0.064
		5	1 240	7.846	0.192
		6	2 520	5.277	0.870
		7	3 210	4.121	1.458
		8	2 610	5.090	0.945
		9	2 750	4.833	1.072
		10	1 920	6.404	0.498
		11	1 000	8.574	0.136
		12	621	9.951	0.064
工程建设后	左侧河道	1～6	100	2.954	0.002
		7～9	600	1.481	0.096
		10～12	100	2.954	0.002
	库区	1	359	6.579	0
		2	303	6.773	0
		3	326	6.698	0
		4	516	6.278	0
		5	1 140	5.724	0
		6	2 420	4.991	0.017
		7	2 610	4.832	0.024
		8	2 510	4.919	0.020
		9	2 150	5.181	0.009
		10	1 820	5.459	0.005
		11	900	5.886	0
		12	521	6.278	0
	泄洪渠	1～12	50	0.282	0

表 9.28　工程建设前后大渡河河口特定水深水域面积统计表

工况条件		月份	流量条件/（m^3/s）	水域面积/km^2	
				水深小于 1.5 m	水深大于 5 m
工程建设前		1	459	10.488	0.305
		2	403	10.709	0.280
		3	426	10.621	0.290
		4	616	9.935	0.427
		5	1 240	8.154	0.858
		6	2 520	5.516	1.902
		7	3 210	4.413	2.591
		8	2 610	5.344	2.006
		9	2 750	5.113	2.147
		10	1 920	6.667	1.413
		11	1 000	8.799	0.726
		12	621	9.935	0.427
工程建设后	左侧河道	1～6	100	2.785	0.055
		7～9	600	1.291	0.194
		10～12	100	2.785	0.055
	库区	1	359	0.393	5.227
		2	303	0.397	5.225
		3	326	0.395	5.226
		4	516	0.371	5.243
		5	1 140	0.362	5.317
		6	2 420	0.329	5.522
		7	2 610	0.295	5.552
		8	2 510	0.312	5.535
		9	2 150	0.346	5.481
		10	1 820	0.355	5.421
		11	900	0.363	5.286
		12	521	0.371	5.243
	泄洪渠	1～12	50	3.735	0

研究过程中对特定流速 0.5 m/s 以下，3 m/s 以上的水域面积，以及特定水深 1.5 m 以下，5 m 以上的水域面积进行对比分析。

由表 9.27 和表 9.28 可知，工程修建前，随着流量不断增加，1～9 月流速小于 0.5 m/s 的水域面积呈减少的趋势，流速大于 3 m/s 的水域面积出现波动。鱼类集中产卵期（5 月至 10 月）流速小于 0.5 m/s 的最大水域面积为 7.846 km^2，流速大于 3 m/s 的最大水域面积为 1.458 km^2。鱼类主要越冬期（11 月至次年 2 月）流速小于 0.5 m/s 的最大水域面积为 11.080 km^2，流速大于 3 m/s 的最大水域面积为 0.136 km^2。鱼类集中索饵期（3 月至 4 月）流速小于 0.5 m/s 的最大水域面积为 10.921 km^2，流速大于 3 m/s 的最大水域面积为 0.064 km^2。由表 9.28 可知，鱼类集中产卵期（5 月至 10 月）水深小于 1.5 m 的最大水域面积为 8.154 km^2，水深大于 5 m 的最大水域面积为 2.591 km^2。鱼类主要越冬期（11 月至次年 2 月）水深小于 1.5 m 的最大水域面积为 10.709 km^2，水深大于 5 m 的最大水域面积为 0.726 km^2。鱼类集中索饵期（3 月至 4 月）水深小于 1.5 m 的最大水域面积为 10.621 km^2，水深大于 5 m 的最大水域面积为 0.427 km^2。

安谷水电站修建后，左侧河道流速低于 0.5 m/s 的水域面积明显减小，两种下泄流量（100 m^3/s 和 600 m^3/s）条件下最大水域面积分别为 2.954 km^2 和 1.481 km^2，而流速大于 3 m/s 的面积仅分别为 0.002 km^2 和 0.096 km^2。库区蓄水后，鱼类产卵期流速小于 0.5 m/s 的面积最大为 5.724 km^2，流速大于 3 m/s 的区域面积仅为 0.024 km^2。鱼类越冬期流速小于 0.5 m/s 的面积最大为 6.773 km^2，没有流速大于 3 m/s 的区域。鱼类集中索饵期流速小于 0.5 m/s 的面积最大为 6.698 km^2，无流速大于 3 m/s 的区域。泄洪渠流速均小于 3 m/s，其中小于 0.5 m/s 的水面面积为 0.282 km^2。

根据大渡河河口段现场调查及鱼类生态习性特征，可以初步判断该河段水深小于 1.5 m 的水域较适合鱼类产卵或索饵，水深大于 5 m 的水域较适合鱼类越冬，所以对该组特定水深的水域面积进行统计，以便了解工程建设对鱼类栖息地的影响。由表 9.28 可知，工程修建前，水深小于 1.5 m 的水域面积为 4.413～10.709 km^2，水深大于 5 m 的水域面积为 0.280～2.591 km^2。随着流量不断增加，水深低于 1.5 m 的水域面积明显减少，水深大于 5 m 的水域面积明显增加。两种条件下的水域面积在年内的分配过程呈波形变化，与年内自然流量的分配过程高度相关。

安谷水电站修建后，左侧河道水深小于 1.5 m 的水域面积为 1.291～2.785 km^2，水深大于 5 m 的水域面积为 0.055～0.194 km^2，两种条件下的水域面积均较天然河道明显减小。随着流量的增加，水深低于 1.5 m 的水域面积减少，水深大于 5 m 的水域面积增加，水域面积与流量的关系对比天然河道较接近。两种条件下的水域面积在年内的分配过程有一定的波形变化，主要波动出现在汛期，年内分配过程较天然河道坦化。

库区蓄水后，库区水深小于 1.5 m 的水域面积为 0.295～0.397 km^2，水深大于 5 m 的水域面积为 5.225～5.552 km^2，库区水深小于 1.5 m 的水域面积较天然河道显著降低，而水深大于 5 m 的水域面积较天然河道显著增加。随着流量的增加，水深低于 1.5 m 的水域面积稍减少，水深大于 5 m 的水域面积稍增加，两种条件下水域面积和流量之间线性关系的相关性与天然河道一致，但其线性关系的变化率则明显低于天然河道情况。两种条件下的水域面积在年内的分配过程基本坦化，年内不同月份仅有细微的变化。

库区蓄水后，泄洪渠水深小于 1.5 m 的水域面积为 3.735 km^2，无水深大于 5 m 的水域。两条件下的年内水域面积完全无变化，且水深大于 5 m 的水域在泄洪渠消失。

总的看来，工程建设后库区、泄洪渠两种条件下的水域面积分配特征与天然河道差异显著，且受河道疏浚、蓄水、工程调度运行、发电需求等条件限制，较难以恢复至较天然的情况。而左侧河道在工程建设后两种条件下的水域面积分配特征虽然与天然河道有差异，但仍保持了较相似的基本特征，如通过左侧河道生态流量的调节与泄放，可使左侧河道两种条件下的水域面积有效地恢复至较天然的状况。

3. 安谷水电站建设前后大渡河河口典型产卵场流场特性变化

对安谷水电站工程修建前后大渡河河口典型产卵场所在河道流场进行对比分析，典型产卵场鱼类产卵期工程建设前后不同来流条件下流场特性计算结果见表 9.29～表 9.32。

表 9.29　丰都庙产卵场产卵期流场特性统计分析

项目		月份					
		3	4	5	6	7	8
流量范围 /（m^3/s）	工程前	426	616	1 240	2 520	3 210	2 610
	工程后	100	100	100	100	584	100
流速范围 /（m/s）	工程前	0～3.00	0～3.75	0～4.77	0～5.92	0～6.10	0～5.95
	工程后	0～1.85	0～1.85	0～1.85	0～1.85	0～2.86	0～1.85
水深范围 /m	工程前	0～7.10	0～7.44	0～7.91	0～8.62	0～8.90	0～8.67
	工程后	0～7.00	0～7.00	0～7.00	0～7.00	0～8.00	0～7.00
流向	工程前	复杂	复杂	复杂	复杂	复杂	复杂
	工程后	较复杂	较复杂	较复杂	较复杂	复杂	较复杂
横断面流速变化	工程前	较大	较大	较大	大	大	大
	工程后	较大	较大	较大	较大	大	较大

表 9.30　扬子坝产卵场产卵期流场特性统计分析

项目		月份					
		3	4	5	6	7	8
流量范围 /（m^3/s）	工程前	426	616	1 240	2 520	3 210	2 610
	工程后	100	100	100	100	584	100
流速范围 /（m/s）	工程前	0～2.87	0～2.93	0～3.14	0～3.74	0～3.97	0～3.78
	工程后	0～1.98	0～1.98	0～1.98	0～1.98	0～2.74	0～1.98
水深范围 /m	工程前	0～5.10	0～5.53	0～6.35	0～7.25	0～7.59	0～7.29
	工程后	0～7.10	0～7.10	0～7.10	0～7.10	0～8.80	0～7.10

续表

项目		月份					
		3	4	5	6	7	8
流向	工程前	复杂	复杂	复杂	复杂	复杂	复杂
	工程后	较复杂	较复杂	较复杂	较复杂	复杂	较复杂
横断面变化	工程前	较大	较大	较大	大	大	大
	工程后	较大	较大	较大	较大	大	较大

表 9.31 安谷水电站坝址产卵场产卵期流场特性统计分析

项目		月份					
		3	4	5	6	7	8
流量范围 /（m^3/s）	工程前	426	616	1 240	2 520	3 210	2 610
	工程后	326	516	1 140	2 420	2 626	2 510
流速范围 /（m/s）	工程前	0～3.14	0～3.18	0～3.58	0～4.51	0～4.91	0～4.56
	工程后	0～0.06	0～0.06	0～0.21	0～0.44	0～0.47	0～0.45
水深范围 /m	工程前	0～4.42	0～4.75	0～5.68	0～7.16	0～7.85	0～7.25
	工程后	0～21.38	0～21.38	0～21.38	0～21.38	0～21.38	0～21.38
流向	工程前	复杂	复杂	复杂	复杂	复杂	复杂
	工程后	均一化	均一化	均一化	均一化	均一化	均一化
横断面变化	工程前	较大	较大	较大	大	大	大
	工程后	极小	极小	极小	极小	极小	极小

表 9.32 临江河口产卵场产卵期流场特性统计分析

项目		月份					
		3	4	5	6	7	8
流量范围 /（m^3/s）	工程前	426	616	1 240	2 520	3 210	2 610
	工程后	100	100	100	100	584	100
流速范围 /（m/s）	工程前	0～2.71	0～2.75	0～3.12	0～3.51	0～3.59	0～3.53
	工程后	0～2.22	0～2.22	0～2.22	0～2.22	0～4.38	0～2.22
水深范围 /m	工程前	0～5.90	0～5.90	0～6.52	0～7.31	0～7.65	0～7.35
	工程后	0～5.93	0～5.93	0～5.93	0～5.93	0～7.06	0～5.93
流向	工程前	复杂	复杂	复杂	复杂	复杂	复杂
	工程后	较复杂	较复杂	较复杂	较复杂	复杂	较复杂
横断面变化	工程前	较大	较大	较大	大	大	大
	工程后	较大	较大	较大	较大	大	较大

1）丰都庙产卵场

由表 9.29 可知，天然河道中丰都庙产卵场在鱼类繁殖季节 3～8 月流量变化范围为 426～3 210 m^3/s，3 月流量最低，7 月流量最高；工程建设后，流量变化范围为 100～584 m^3/s，降低至原产卵场流量的 3.83%～23.47%，流量显著降低，但仍以 7 月流量最高。天然河道中丰都庙产卵场 3～8 月最大流速变化范围为 3.00～6.10 m/s，7 月流速最高，3 月流速最低；工程建设后，最大流速变化范围为 1.85～2.86 m/s，降低至原产卵场流速的 31.09%～61.67%，流速明显变缓，但仍以 7 月流速最高。天然河道中丰都庙产卵场 3～8 月最大水深变化范围为 7.10～8.90 m，7 月水深最深，3 月水深最浅；工程建设后，最大水深变化范围为 7.00～8.00 m，降低至原产卵场水深的 80.74%～98.59%，水深稍有降低，但仍以 7 月水深最深。天然河道中丰都庙产卵场 3～8 月水流流向均呈复杂状态；工程建设后，流向 7 月仍为复杂，3 月、4 月、5 月、6 月、8 月为较复杂，产卵场水流流向状态较接近原产卵场。天然河道中丰都庙产卵场 3～8 月横断面流速变化中 6～8 月均为大，3～5 月为较大；工程建设后，横断面流速变化 7 月为大，其余 5 个月为较大，产卵场横向流速变化较接近原产卵场。

工程建设后，由于流量的减少，丰都庙产卵场在鱼类繁殖期其流速明显变缓，水深则稍有降低，产卵场水流流向和横断面流速变化情况均较接近原产卵场。

2）扬子坝产卵场

由表 9.30 可知，天然河道中扬子坝产卵场在鱼类繁殖季节 3～8 月流量变化范围为 426～3 210 m^3/s，7 月流量最高，3 月流量最低；工程建设后，流量变化范围为 100～584 m^3/s，降低至原产卵场流量的 3.83%～23.47%，流量显著降低，但仍以 7 月流量最高。天然河道中扬子坝产卵场 3～8 月最大流速变化范围为 2.87～3.97 m/s，7 月流速最高，3 月流速最低；工程建设后，最大流速变化范围为 1.98～2.74 m/s，降低至原产卵场流速的 52.38%～69.02%，流速变缓，但仍以 7 月流速最高。天然河道中扬子坝产卵场 3～8 月最大水深变化范围为 5.10～7.59 m，7 月水深最深，3 月水深最浅；工程建设后，最大水深变化范围为 7.10～8.80 m，仍以 7 月水深最深，6 月和 8 月分别降低至原产卵场水深的 97.93%、97.39%，水深基本接近原产卵场，稍有降低，3～5 月和 7 月分别增加至原产卵场水深的 111.81%～139.22%、115.94%，水深基本接近原产卵场，稍微有增加。天然河道中扬子坝产卵场 3～8 月水流流向均呈复杂状态；工程建设后，流向 7 月仍为复杂，其他 5 个月为较复杂，产卵场水流流向状态较接近原产卵场。天然河道中扬子坝产卵场 3～8 月横断面流速变化中 6～8 月均为大，3～5 月为较大；工程建设后，横断面流速变化 7 月为大，其余 5 个月为较大，产卵场横向流速变化较接近原产卵场。

工程建设后，由于流量的减少，扬子坝产卵场在鱼类繁殖期流速变缓，水深基本不变，产卵场水流流向和横断面流速变化情况均接近原产卵场。

3）安谷水电站坝址产卵场

由表 9.31 可知，天然河道中安谷水电站坝址产卵场在鱼类繁殖季节 3～8 月流量变化范围为 426～3 210 m^3/s，7 月流量最高，3 月流量最低；工程建设后，流量变化范围为 326～2 626 m³/s，降低至原产卵场流量的 76.53%～96.17%，流量稍有降低，但仍以 7 月流量最高。天然河道中安谷坝址产卵场 3～8 月最大流速变化范围为 3.14～4.91 m/s，7 月流速最高，3 月流速最低；工程建设后，最大流速变化范围为 0.06～0.47 m/s，降低至原产卵场流速的 1.91%～9.87%，流速显著降低，但仍以 7 月流速最高。天然河道中安谷坝址产卵场 3～8 月最大水深变化范围为 4.42～7.85 m，7 月水深最深，3 月水深最浅；工程建设后，最大水深为 21.38 m，3～8 月最大水深不变，增加至原产卵场水深的 272.36%～483.71%，水深远远深于原产卵场。天然河道中安谷坝址产卵场 3～8 月水流流向均呈复杂状态；工程建设后，3～8 月流向均呈均一化，产卵场水流流向状态较原产卵场明显简单化。天然河道中安谷坝址产卵场 3～8 月横断面流速变化中 6～8 月均为大，3～5 月为较大；工程建设后，横断面流速变化 3～8 月均呈极小状态，产卵场横向流速变化明显不同于近原产卵场。

工程建设后，由于水库的蓄水，安谷坝址产卵场在鱼类繁殖期其流速显著降低，水深远远深于原产卵场，产卵场水流流向和横断面流速变化情况均呈简单化和均一化，明显区别于原产卵场。

4）临江河口产卵场

由表 9.32 可知，天然河道中临江河口产卵场在鱼类繁殖季节 3 月～8 月流量变化范围为 426～3 210 m³/s，7 月流量最高，3 月流量最低；工程建设后，流量变化范围为 100～584m³/s，降低至原产卵场流量的 3.83%～23.47%，流量显著降低，但仍以 7 月流量最高。天然河道中临江河口产卵场 3～8 月最大流速变化范围为 2.71～3.59 m/s，7 月流速最高，3 月流速最低；工程建设后，最大流速变化范围为 2.22～4.38 m/s，3～6 月和 8 月降低至原产卵场流速的 62.89%～81.92%，流速变缓，但 7 月流速增加至原产卵场流速的 122.01%，流速增加。天然河道中临江河口产卵场 3～8 月最大水深变化范围为 5.90～7.65 m，7 月水深最深，3～4 月水深最浅；工程建设后，最大水深变化范围为 5.93～7.06 m，3～4 月升高至原产卵场最大水深的 100.51%，水深较原产卵场稍有增加，5～8 月降低至原产卵场最大水深的 80.68%～92.29%，水深较原产卵场稍有降低，仍以 7 月水深最深。天然河道中临江河口产卵场 3～8 月水流流向均呈复杂状态；工程建设后，流向 7 月仍为复杂，其他 5 个月为较复杂，产卵场水流流向状态较接近原产卵场。天然河道中扬子坝产卵场横断面流速变化中 6～8 月均为大，3～5 月为较大；工程建设后，横断面流速变化 7 月为大，其余 5 个月份为较大，产卵场横向流速变化较接近原产卵场。

工程建设后，由于流量的减少，临江河口产卵场在鱼类繁殖期的 3～6 月和 8 月流速变缓，7 月流速增加，水深稍有降低，产卵场水流流向和横断面流速变化情况均较接近原产卵场。

5）青衣江汇口产卵场

青衣江汇口产卵场位于青衣江汇合口河段，该水域河面开阔，河床深浅交错，河道右侧较深，河道左侧多为砾石河滩，河滩上湿生植物丛生。该处河段河汊多，水面宽阔，水流速度快，流量大，洪水期间易形成一定的洪峰，适合一些产漂流性卵鱼类的产卵繁殖。

同时，该处河段河汊分流、汇合区域有较多流水浅滩，适合产黏沉性卵鱼类的产卵繁殖。该处河段内无疏浚等工程措施，工程建设不影响该产卵场水文情势、河床底质和形态等。

综合考虑工程建设对大渡河河口典型产卵场流场特征的影响程度，可以对丰都庙产卵场、扬子坝产卵场、临江河口产卵场开展产卵场的修复措施，以减少工程建设对其不利影响。

9.4 鱼类重要栖息地修复技术

9.4.1 鱼类产卵场修复技术

根据各产卵场工程建设前后流场特性的对比分析，丰都庙产卵场、扬子坝产卵场、临江河口产卵场受工程建设影响有限，工程建设后，以上三个产卵场的流场特征仍能保持近似于原产卵场，因此，可以对以上三个产卵场进行生态修复，其内容主要是对产卵场物理形态进行调整，改善其受影响的流场参数，以有效减缓安谷水电站的建设对其不利影响。

1. 丰都庙产卵场的修复

根据丰都庙产卵场工程建设前后流场特性对比分析，工程建设后丰都庙产卵场在鱼类繁殖期其流速明显变缓，水深则稍有降低。

据此，对工程建设后的丰都庙产卵场的修复应能使其流速明显提高，水深稍有增加即可，所以考虑对工程建设后的丰都庙产卵场前端垫高，产卵场中后端以及产卵场中后端附近的河道进行疏浚，以使工程建设后的丰都庙产卵场总体流速明显提高，水深增加。

在河床上打入一排木桩，桩头露出，在桩头前堆放卵石颗粒，依据大渡河河口底质调查的现状，其上游底质卵石粒径多为 25 cm 左右，可在桩头堆放粒径约为 30 cm×25 cm 的较大自然块石，在工程建设后的丰都庙产卵场前端打造类似于溢流堰的微地形结构（图 9.19）。堰是一种坡度控制结构，具有减小近岸剪应力、流速和能量的作用，增加了河道中心区域能量的作用。堰作为一种栖息地加强结构，因其所在的水位有所提高，增

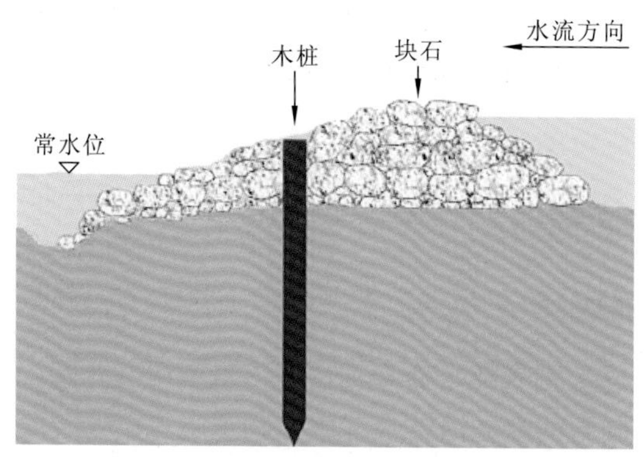

图 9.19　丰都庙产卵场修复纵剖面效果图

加了河道阻挡，增加了水流对堰下游河道的冲刷，使其流速明显增加。加之同步对工程建设后的丰都庙产卵场中后端以及附近的河道进行疏浚，使工程建设后的丰都庙产卵场前端河底高程被抬高，中后端河底高程降低，工程建设后该河段水流流速明显提高，水深增加。

2. 扬子坝产卵场的修复

根据扬子坝产卵场工程建设前后流场特性对比分析，工程建设后扬子坝产卵场在鱼类繁殖期流速变缓，水深则稍有增加。

原有扬子坝产卵场边滩的水流在底质大颗粒卵石的阻碍下形成了流速较高的翻水花的浅滩，工程建设后随着水深增加，原有扬子坝产卵场边滩对水流的阻碍形成壅水，使其水流速度变缓。对工程建设后的扬子坝产卵场的修复应能使其流速提高，水深稍有减少即可。因此考虑对工程建设后的扬子坝产卵场整体规模进行扩充，将产卵场整体高度垫高，面积扩大，重点是对产卵场较中心部位垫高，以使工程建设后的扬子坝产卵场总体流速提高，水深减少。

在工程建设后的扬子坝产卵场前端增加铺设粒径 30 cm×20 cm 的卵石，根据一般滩地底质的分配规律，滩地前端由于要抵制水流的直接冲刷，一般颗粒较粗大，滩地前端细小的颗粒将被推移至后端并沉淀下来，使得滩地后端一般颗粒相对细小，由此在扬子坝产卵场后端可逐渐增加粒径为 20 cm×20 cm 的稍小的卵石比重。工程建设后的扬子坝产卵场的扩充工程应使其产卵场形状、坡度等物理结构指标的比例尽量保持原有水平，扩充后的产卵场中心部分可稍往前移，并增加中心部位的高度，可使工程建设后的扬子坝产卵场流速增加，水深减少。

3. 临江河口产卵场

根据临江河口产卵场工程建设前后流场特性对比分析，工程建设后临江河口产卵场在鱼类集中繁殖期其流速变缓，水深则稍有降低。

分析其变化主要是在工程建设后，由于河道水深变浅，预计临江河口产卵场所在河道过流量减少，使其产卵场流速变缓。对工程建设后的临江河口产卵场的修复应能使其流速稍微提高，同时水深也稍有增加即可。因此考虑对工程建设后的临江河口产卵场地进行一定程度的疏浚，降低整个产卵场的高度，以使工程建设后的临江河口产卵场流速提高，水深增加。

修复可对工程建设后的临江河口产卵场的中后端进行一定程度的疏浚，使其后端高度较之前有所降低，且产卵场中心高度也降低，其大部分产卵场水深较疏浚前增加。同时，由于产卵场中后端的疏浚，后端与前端的落差增加，产卵场前端相对增高，便可形成堰的功能，对来水进行阻挡，使其产卵场中后端的过流流速提高。对工程建设后的临江河口产卵场疏浚后，产卵场中后端的流速增加，水深增加。

9.4.2 鱼类索饵场和越冬场构建技术

鱼类索饵场和越冬场的构建主要采取深槽和浅滩序列构建等措施。

自然河流中深潭和浅滩是交互存在的。深潭是低于周边河床 0.3 m 以上的部分，浅滩是高出周边河床 0.3～0.5 m 的部分，且其顶部高程的连线坡度应与河道坡降一致。一般在蜿蜒河道的凸岸由于泥沙淤积形成浅滩，凹岸则受到冲刷，形成深潭（图 9.20）。

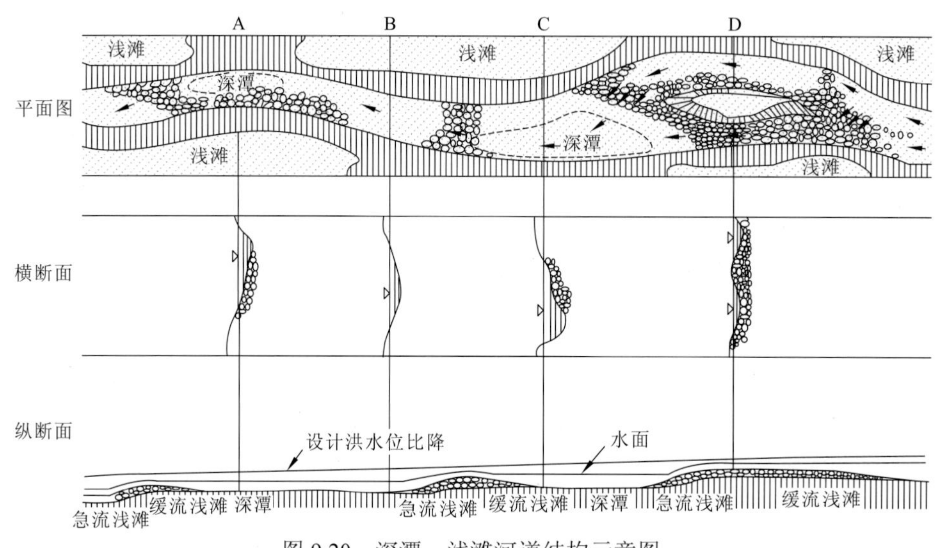

图 9.20 深潭—浅滩河道结构示意图

深潭内流速较低，为泥沙沉积区，但在洪水期，经由交替的浅滩，泥沙被输移到下游深潭。

深潭和浅滩的存在能够增加河床的比表面积及河道内环境，有利于加快有机物的氧化过程，促进硝化作用和脱氮作用，增强水体的自净能力。同时有利于形成水体中的不同流速和生境，使附着在河床上的生物数量增加，增加水生生物多样性。

深潭—浅滩序列在河道泥沙输移方面十分重要，对河道蜿蜒形态也具有促进作用，但有可能导致对河道岸坡的侵蚀，在这种情况下，应尽可能把河道设计成自然弯曲形态的同时，采取适当的岸坡加固措施。

Keller 和 Melhorn[130]的研究成果表明，适宜的深潭—浅滩间距在 3～10 倍河道宽度之间。Higginson 和 Johnston[131]的研究成果进一步说明，对于一个具体的河段，深槽和浅滩的间距变化很大。对此，Higginson 和 Johnston 根据爱尔兰的 70 个冲积型河流给出了公式可供参考：

$$L_r = \frac{13.601\omega^{0.2894} d_{r50}^{0.29}}{S^{0.2053} d_{p50}^{0.1367}}$$

式中：L_r 为沿河道两个浅滩之间的距离（m），为河段总长度与浅滩数量之比，一般情况下，近似为弯曲河段的弧长；d 为河床材料颗粒的直径（mm），下标 r 和 p 分别表示浅滩和深槽的材料；ω 为河道平均宽度（m）；S 为河段平均坡降。

根据左侧河道的河道蜿蜒度，结合工程建设后左侧河道流场流速、水深分布模拟结果，选择河道蜿蜒度较高且流速快、慢结合，水深深、浅结合的河段进行深潭—浅滩序列的构建。因此，可以在左侧河道的魏坝—张坝—王坝河段以及徐坝—罗坝—黄荆坝河段进行深潭—浅滩序列的构建。

1）边滩的构建——索饵场

边滩的恢复选择级配良好的 20 cm×30 cm 卵石，同时在浅滩的构建是要注意砂砾石颗粒相互咬合，以保证浅滩的稳定。边滩下游可适当增加 15 cm×20 cm 小粒径卵石的比例。边滩上游的迎水面可形成浅滩生境，加上配置了较大粒径的底质，根据 9.2 节对河道生境类型及水生生物与河流微生境指标相关关系的分析，可以看到，大型块石堆砌的浅滩或形成流速较低的静缓流水域，有利于提高浮游植物和底栖动物的种类、生物量和多样性，如此打造的边滩上游基础饵料生物的生物量较高，可成为理想的鱼类索饵场，特别是对于幼鱼的索饵。边滩下游的背水面，有一定流速，同时又有砾石底质，可为鱼类的产卵创造有利条件。

2）冲积河岸的加固——越冬场

对冲击河岸的加固是为了防止河床下切侵蚀，可采用 30 cm 的方形石块等材料在河床上进行堆砌，形成护岸。对冲击河岸的加固将一定程度上减缓坡岸的垂直落差，使其在急流浅滩下方形成深潭。深潭区由于河道底部的突变，在丰水期，易于形成泡漩水，有利于漂流性卵的漂流和孵化；在冬季又可成为鱼类越冬场。

第10章

大渡河河口景观设计和整体生态规划

10.1 景观生态规划理论发展与应用

景观生态规划是景观尺度上的一种实践活动，规划的目的在于从景观的结构与功能两方面入手，对景观进行优化利用，其目标是尽力维持景观的异质性。

景观生态规划思想的起源可追溯到19世纪末，那时人们对自然界认识程度较低，景观规划集中在农业土地的重新分配，如田间道路的设置及排、灌水系统的建设等，其主要目的是提高农作物产量及土地生产力[132]。但此时一些学者已经开始认识到自然保护的重要性和人类对环境影响的严重性，主张规划设计时，充分考虑人与环境的协调关系[133]，在注重提高农业生产的同时，还要考虑保护自然[134]。虽然当时这种思想并未引起人们的重视，却为后来景观生态规划的理论发展奠定了基础。随着生产力提高，城镇化发展，人们对景观价值的认识发生了变化[135,136]，至20世纪初，人们已经认识到自然景观的美学价值和生态功能，景观设计开始强调自然过程与人类活动的协调，追求人地共生[137]，至此景观生态规划的思想初步形成。

20世纪中期，一方面随着社会的发展，人们对景观的干扰不断加剧，森林砍伐，生境破碎化，致使景观生态功能失调，这引起了人们的普遍关注。另一方面遥感和计算机等新技术在景观研究和规划中的应用，促进了景观生态规划的迅速发展。Mcharg作为这一时期的代表，把土壤学、气象学、地质学和资源学等学科结合起来，并应用到景观规划中，提出了自然设计模式[138]。这一模式突出各项土地利用的生态适宜性和自然资源的固有属性，强调人类、生物和环境三者之间的伙伴关系。20世纪70年代，国外景观生态学家通过研究，使景观生态规划的理论方法逐步发展完善，成为国土规划的一项基础性研究工作[139]。进入20世纪80年代，景观生态规划已经开始综合考虑生态、社会过程以及二者之间时空耦合关系，并利用景观生态学的知识及原理经营管理景观资源，以期达到既要维持景观生态功能，又要满足持续利用土地的目的[140]。这一时期的研究强调景观空间格局对过程的影响，通过格局的改变来控制景观功能、物质流和能量流，这种思想是景观生态规划方法论的又一次思维转变[134]。

20世纪70～80年代景观生态学基本的概念和理论传入我国，我国学者即开始了景观生态规划与设计的实践活动。1978～1985年全国科学技术发展规划重点项目“农业自然条件、自然资源和农业区划研究”和全国自然科学规划中地学规划第五项“水土资源和土地利用的基础研究”课题的实施，揭开了我国土地类型学与土地资源学研究热潮的序幕。在项目实施过程中，以及其后的自然区划等相关研究中，都有大量的景观生态规划与景观生态设计的研究成果出现。由于当时的景观生态学在我国刚刚起步，许多人对景观生态学还处于认知阶段，所以，在这些成果中其名称基本上都是以土地为中心的，没有明确地把他们的研究内容归入景观生态规划与设计中去。1988年国家自然科学基金委员会批准了我国第一个景观生态学方面的国家自然科学基金项目，即由景贵和教授承担的“吉林省中西部沙化土地的景观生态建设”，而该课题正是景观生态规划与设计的研究内容。

本章针对大渡河河口安谷水电站的施工建设，研究大渡河河口湿地景观生态特点，对工程建设、水库淹没、弃渣堆放、移民造地、移民迁建等内容，结合河流再自然化修复，提出河口河段的景观设计和整体生态规划。

10.2 大渡河河口植物群落特征

10.2.1 调查方法

大渡河河口植物样品采集自大渡河乐山市沙湾区至大渡河汇口长约 30 km 河段内的干支流，面积约 500 km^2。

1. 样品采集

植物样品采集于 2009 年 8 月、10 月以及 2010 年 7 月、9 月，野外调查情况如图 10.1 所示。

图 10.1 大渡河河口野外调查情况

野外调查根据底质的不同将整个调查区域分为大渡河河口及下游区域（砂砾为主）、坝体区域（深水为主）以及上游区域（碎石为主）。具体采样点如图 10.2。

按照《中国生态系统研究网络观测与分析标准方法》之《陆地生物群落调查观测与分析》[141]和《湖泊生态调查观测与分析》[142]进行大渡河河口段植物样品的采样和检测。采用标准样方调查方法，在各采样点根据植被组成情况设置 1 m×1 m 的样方，记录样方中的植物种类、定量指标（密度、盖度、高度），随即沿地面将样方中所有植物刈割后分种类称重测定地上生物量，并风干带回。在进行样方调查的同时，采集植物标本。

植物种类鉴定以《中国植物志》[143]为基础。属分布型以被子植物八纲系统为基础开展。

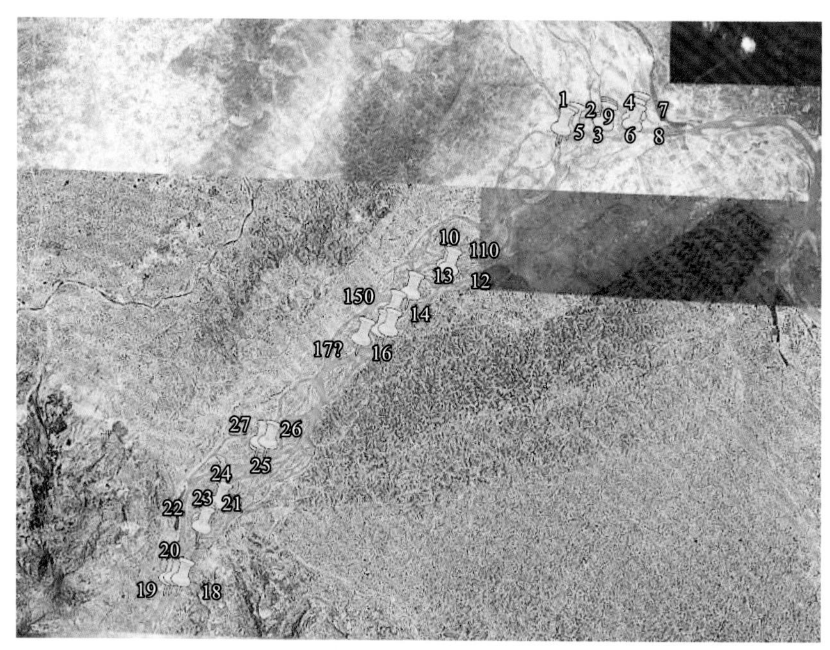

图 10.2 大渡河河口植被调查取样区域分布图

2. 数据分析

样方调查数据依据各种植物的高度、盖度和密度计算各种植物的重要值，形成 27×49（样方×种类）重要值矩阵。在原始 27×49（样方×种类）矩阵中，有 29 个种仅出现在一个样方中，在最后计算分析时，这 29 个种以及一个样方被删除，最后实际参与运算的数据矩阵是 27×20（样方×种类）。以此数据集作为原始数据进行多元统计分析，多元统计分析方法采用双向指示种分析（TWINSPAN）和消除趋势对应分析（detrended correspondence analysis，DCA）。

10.2.2 大渡河河口植物群落特征

大渡河河口共有水生植物 19 科 44 属 48 种（表 10.1）。在科内属的组成中，禾本科所含属最多，有 13 属；其次是菊科（8 属）；含 2～4 属的科有水鳖科、莎草科、蓼科、苋科等 4 科，占总科数的 20.00%；14 科仅含 1 属，占总科数的 70.00%。在科内种的组成中，含 7 种以上的科有禾本科（14 种）、菊科（8 种）共 2 科，占总科数的 10.00%，而所占种数共 22 种，占总种数的 44.88%，它们构成了大渡河河口植物群落的主体；含 4～6 种的科有蓼科（5 种），仅 1 科，占总科数的 5.00%；含 2～3 种的科有 3 科，占总科数的 15.00%；仅含 1 种的科有 13 科，占总科数的 70.00%。而在属内种的组成中，42 个属仅含一种，占总属数的 95.45%；含 2～4 个种的属有 2 个，占总属数的 4.55%。

表 10.1 大渡河河口植物种类组成

学名	拉丁名	学名	拉丁名
苋科	**Amaranthaceae**	**水鳖科**	**Hydrocharitaceae**
喜旱莲子草	*Alternanthera philoxeroides*	黑藻	*Hydrilla verticillata*
反枝苋	*Amaranthus retroflexus*	苦草	*Vallisneria natans*
天南星科	**Araceae**	**唇形科**	**Labiatae**
菖蒲	*Acorus calamus*	益母草	*Leonurus artemisia*
忍冬科	**Caprifoliaceae**	**豆科**	**Leguminosae**
接骨草	*Sambucus chinensis*	黄车轴草	*Trifolium strepens*
菊科	**Compositae**	**桑科**	**Moraceae**
蒌蒿	*Artemisia selengensis*	葎草	*Humulus scandens*
鬼针草	*Bidens pilosa*	**酢浆草科**	**Oxalidaceae**
白酒草	*Conyza japonica*	酢浆草	*Oxalis corniculata*
鳢肠	*Eclipta prostrata*	**车前科**	**Plantaginaceae**
一年蓬	*Erigeron annuus*	车前	*Plantago asiatica*
鼠麹草	*Gnaphalium affine*	**蓼科**	**Polygonaceae**
女菀	*Turczaninowia fastigiata*	水蓼	*Polygonum hydropiper*
苍耳	*Xanthium sibiricum*	圆叶蓼	*Polygonum intramongolicum*
莎草科	**Cyperaceae**	绵毛酸模叶蓼	*Polygonum lapathifolium var. salicifolium*
水蜈蚣	*Kyllinga brevifolia*	春蓼	*Polygonum persicaria*
水毛花	*Scirpus triangulatus*	齿果酸模	*Rumex dentatus*
莎草	*Cyperus rotundus*	**眼子菜科**	**Potamogetonaceae**
禾本科	**Gramineae**	篦齿眼子菜	*Potamogeton pectinatus*
荩草	*Arthraxon hispidus*	**毛茛科**	**Ranunculaceae**
观音竹	*Bambusa multiplex var. riviereorum*	茴茴蒜	*Ranunculus chinensis*
狗牙根	*Cynodon dactylon*	**茜草科**	**Rubiaceae**
马唐	*Digitaria sanguinalis*	鸡矢藤	*Paederia scandens*
充头稗子	*Echinochloa colonum*	**杨柳科**	**Salicaceae**
旱稗	*Echinochloa hispidula*	秋华柳	*Salix variegata*
牛鞭草	*Hemarthria altissima*	**玄参科**	**Scrophulariaceae**
白茅	*Imperata cylindrica*	通泉草	*Mazus japonicus*
芒	*Miscanthus sinensis*	**伞形科**	**Umbelliferae**
双穗雀稗	*Paspalum paspaloides*	水芹	*Oenanthe javanica*
芦苇	*Phragmites australis*	**木贼科**	**Equisetaceae**
金色狗尾草	*Setaria glauca*	木贼	*Equisetum hyemale*
牛筋草	*Eleusine indica*		
虉草	*Phalaris arundinacea*		

TWINSPAN 结果显示，大渡河河口植物群落可以聚类为 5 种群落类型。

1. 双穗雀稗+水蓼群落

双穗雀稗+水蓼群落（图 10.3）主要分布于大渡河河口上游段，主要以双穗雀稗为主，并伴生有水蓼、马唐等湿生植物。

（a）双穗雀稗

+

（b）水蓼

图 10.3　双穗雀稗+水蓼群落

2. 白茅群落

白茅群落（图 10.4）主要分布于大渡河河口上游段，其主要伴生物种为狗牙根和鬼针草。

图 10.4　白茅群落

3. 芒群落

芒群落为大渡河河口分布最为广泛的群落，其中，以下游区域最为突出，图 10.2 中 1～8 号区域均为芒群落，主要伴生种为白茅和木贼（图 10.5）。

4. 春蓼+牛鞭草群落

春蓼和牛鞭草群落（图 10.6）主要分布在大渡河中部深水区域的消落带上，其伴生物种以湿生的水蓼、喜旱莲子草为主。

图 10.5 芒群落

（a）春蓼

（b）牛鞭草

图 10.6 春蓼+牛鞭草群落

5. 葎草群落

葎草群落也分布于大渡河河口上游段，其主要伴生物种为藨草。在河口湿地浅水区域发现少量沉水植物篦齿眼子菜和苦草（图 10.7）。

通过定量指标对群落结构的分析，可以看出，以砂砾为底质的区域仅有一个以芒为建群种的群落结构，以碎石为底质的区域则分别有以双穗雀稗和水蓼、白茅、葎草等为建群种的群落结构，其群落结构多样性明显高于以砂砾为底质的区域。而深水区域由于水环境的存在，构成了以湿生植物作为建群种的群落结构。

（a）葎草

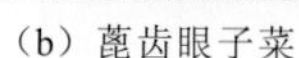

（b）蓖齿眼子菜

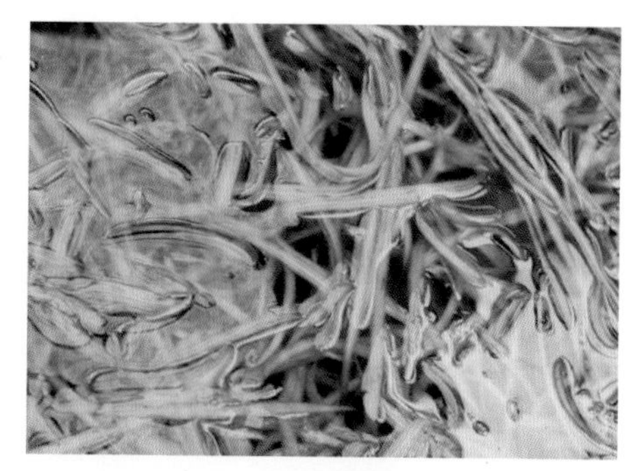

（c）苦草

图 10.7　葎草群落

利用 DCA 排序探讨形成目前植物群落结构的环境因素组成，如图 10.8 所示。结果表明，大渡河河口植物群落结构主要受两种环境因子的控制，即水位和底质。随着水位的逐渐变化，植物群落的组成从以湿生植物为主逐渐向以旱生植物为主转变；同时，随着底质的变化，植物群落结构主要从多样逐渐变为单一。

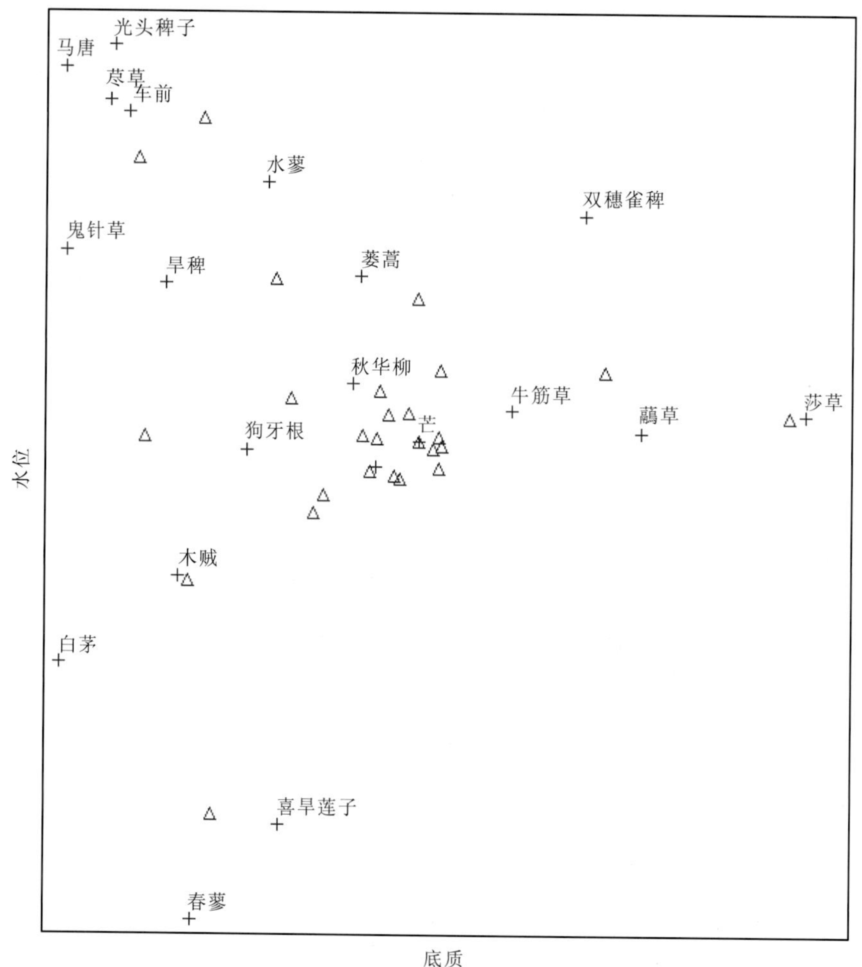

图 10.8　大渡河河口区群落结构的 DCA

10.3 湿生植物对水位变化响应机制的研究

通过对大渡河河口湿生植物对水位变化的机制进行相关研究，为安谷水电站建设后景观规划设计中植物种类的选择与管理提供参考。本节选择菰（茭草）作为研究对象，该物种在改善水质、消浪以及景观上被广泛应用，且在大渡河河口植物调查中也有该物种的出现，所以利用试验手段研究该物种的生态学特性，以探讨利用该物种恢复工程建设后大渡河河口河岸带的可能性。

本节分别对菰对水位的短期和长期适应性进行研究。

10.3.1 菰对水位的短期适应性研究

1. 研究方法

1）试验材料

2009 年 5 月，自中国科学院武汉植物园水塘中取当年新长出的菰幼苗，移至内径 25 cm、高 15 cm 的塑料小圆桶中（以下同），每桶一株，日常浇水管理，待长到一定高度（菰株高 124±11 cm），以备试验。试验地点为中国科学院武汉植物园露天水池。

2）试验设计

选择长势相对一致的植株（菰株高 124±11 cm）开始试验。试验前测量所有植株高度，模拟水位的自然变化，试验分为水位周期性变化和水位保持恒定两种，每种设置对照组（图 10.9）。具体试验步骤如下。

图 10.9 菰短期受控试验场地及试验材料

水位持续增加处理：每种植物材料各取 30 株，对照组与试验组各 15 株，用细绳调整水池中小桶位置的高低，对照组保持 0 cm 水位梯度（即水面刚好没过小桶，以下同）；试验组分 3 个水位梯度，从 20 cm 水深（水面至小桶泥土表面的距离，以下同）开始，处理 2 天，然后水深立即调整为 40 cm，处理 2 天，最后水深调整至 60 cm 处理 2 天，共得到 20 cm、40 cm、60 cm 三个水深处理，每个水位梯度处理 5 株重复，6 天后结束。

水位保持恒定处理：直接设置 0 cm、20 cm、40 cm、60 cm 四个水位处理，0 cm 为对照组，其他为试验组。分别于处理 2 天、4 天、6 天后进行测量，共三次，每次测量 5 株，每个水位梯度共 15 株，6 天后结束。

3）数据分析

测量植物的株高，将株高增幅作为植株变化的指标，同时计算植株株高的变化速率，应用独立样本 T 检验（T-test）比较不同处理间的差异显著性，应用方差分析（analysis of variance，ANOVA）分析不同水位对植物生长的影响，试验所有数据均用 SPSS 16.0 统计软件分析。

2. 研究结果

1）菰对水位持续增加的响应

研究结果表明，在 20 cm 水深时（图 10.10），菰的株高增幅大于对照组（P=0.017），当水位上升到 40 cm、60 cm 时，株高增幅显著大于对照组（P<0.001），并且株高增幅随着水深的增加而上升。

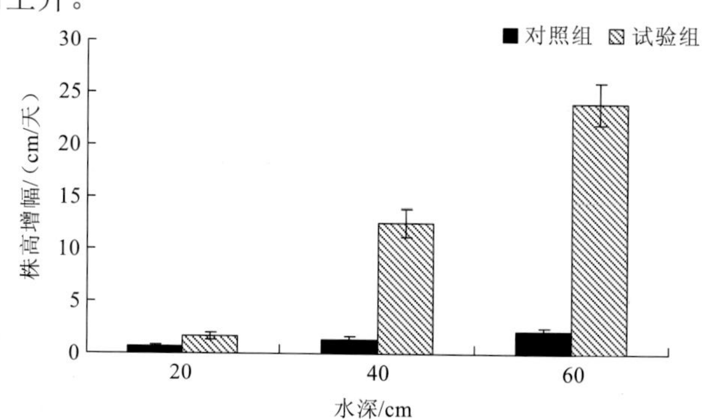

图 10.10　水位持续增加时不同水位的菰株高变化

菰在水深 20 cm 时（图 10.11），生长速率为 0.8 cm/天，稍高于对照组，当水位上升到 40 cm、60 cm 时，菰的生长速率则显著大于对照（P<0.001）。从图中可以看到，在 40 cm、60 cm 水深时，菰保持高速的生长。

2）菰对恒定水位的响应

将水位上升到一定高度且保持恒定，将菰处理 2 天，对照组与 20 cm 水深处理的株高增幅差异未达到显著水平，但显著小于 40 cm 和 60 cm 水深处理（P<0.001）的株高增幅（图 10.12）。处理 4～6 天后，不同水深处理之间的株高增幅均达到差异显著水平（P<0.001），依次随水深的增加而增大。

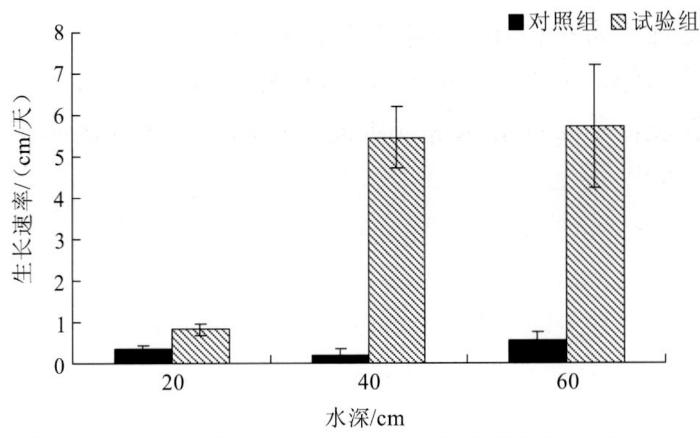

图 10.11 水位持续增加时不同水位的菰生长速率响应

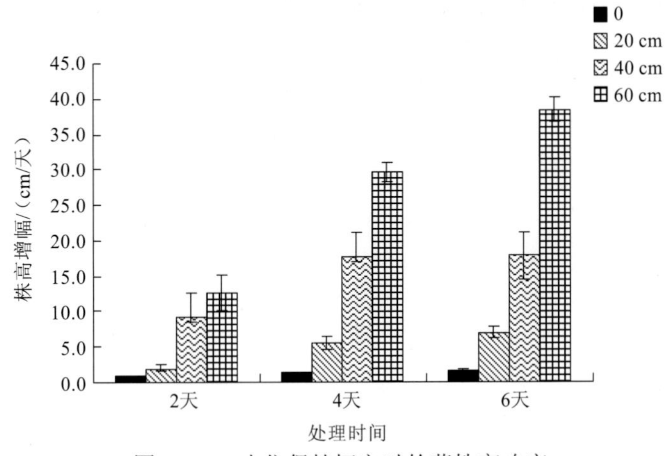

图 10.12 水位保持恒定时的菰株高响应

当水位保持不变时，将菰处理 2 天，对照组与 20 cm 水深处理的菰的生长速率未达到差异显著（$P>0.05$），但显著小于 40 cm、60 cm 水深处理（$P<0.001$）的菰的生长速率；处理 4~6 天后，不同水深处理之间的菰的生长速率均达到显著水平（$P<0.001$），水位变化越大，差异越大（图 10.13）。

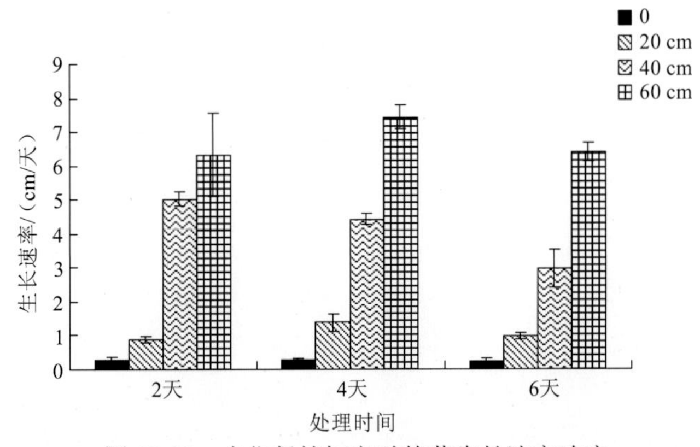

图 10.13 水位保持恒定时的菰生长速率响应

3. 结论

以上研究表明，水位变化在 40～60 cm 时，菰的生长速度最快，同时在同水位无水位波动的情况下，菰在水位越深的条件下生长速度越快。基于此，可以认为该物种适合栽种于有水位波动且水位波动在 1～2 m 的河岸带上，同时应保证枯水期最低水位能淹没该物种的根部。

短期试验表明，菰在水位变化 2 天以后方能产生适应性。

10.3.2 菰对水位的长期适应性研究

1. 研究方法

1）试验设计

本试验于 2010 年在中国科学院武汉植物园中进行。随机选取若干菰的根茎种植于中国科学院武汉植物园的水池中，待生长后移栽至直径 25 cm 深 15 cm 的塑料桶中，每桶一个单株，将其放在室温下培养，并按时给其浇水。待其生长一个月以后，筛选出相同高度的菰进行试验。

设置 0 cm，50 cm，100 cm 三个水位梯度，对筛选出的菰进行长期的水淹处理，处理时间分别为 40 天、70 天和 100 天。本试验在东湖进行（图 10.14），将菰维持在固定的深度不变。每种重复处理 5～6 次。

图 10.14　菰长期试验场地及生长情况

试验过程中，记录菰的株高、分株数、开花数，待试验结束时，收集所有的植物，将其分为地上部分和地下部分，在80℃烘箱中烘干48 h，然后测量地上及地下部分生物量。

2）数据分析

将植物水深、淹水时间作为固定变量，植物的株高、生物量等作为主因子进行双因素方差分析。在分析前，对每组数据进行方差齐性检验。由于植物的开花时间并不符合正态分布，采用克鲁斯卡尔-沃利斯检验（Kruskal-Wallis test）方法进行检验，对方差齐的多重比较采用纽曼-科伊尔斯检验（Student- Newman- Keuls，SNK），对于方差不齐的多重比较采用Dunnet法，以上所有统计分析运用SPSS 13.0统计软件完成。

2. 研究结果

1）植物株高及分株数

研究发现，菰的株高受到水位以及水淹时间的影响，植物的株高随着水位的增加而显著增高。通过ANOVA比较研究表明，水位对菰的株高影响显著（图10.15，表10.2）。同时，水淹时间也与菰的株高呈显著正相关。相同水位下，水淹时间较短时菰的株高低于水淹时间较长的植株。尽管株高与水位成正相关关系，但是菰的分株数随着水位的增加而减少，同时，40天水淹处理的菰的分株数要显著高于70天和100天处理的菰的分株数（图10.16，表10.2）。

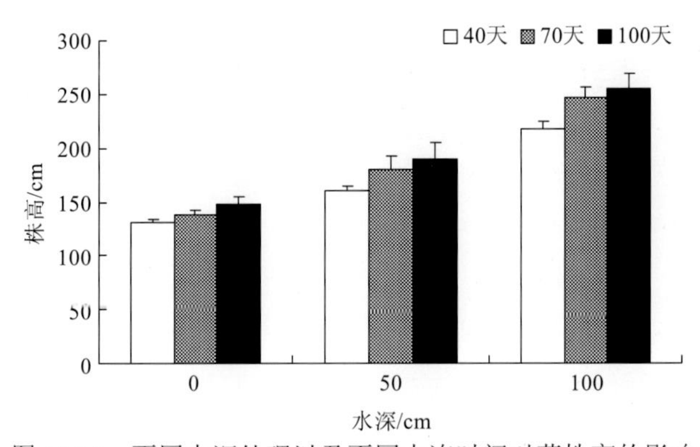

图10.15 不同水深处理以及不同水淹时间对菰株高的影响

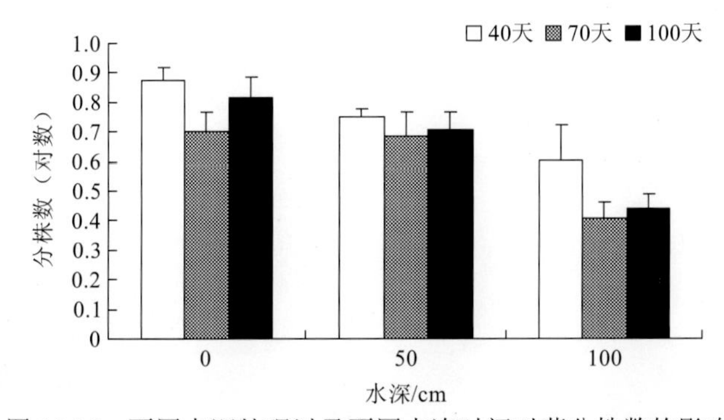

图10.16 不同水深处理以及不同水淹时间对菰分株数的影响

表 10.2 植物株高以及分株数的双因素方差分析结果

变异源	株高	分株数	总生物量	根冠比
D	6.972^{**}	3.545^{*}	0.62^{ns}	39.299^{***}
W	90.007^{***}	17.605^{***}	1.287^{ns}	89.531^{***}
W×D	0.419^{ns}	0.435^{ns}	0.905^{ns}	3.299^{*}

注：***，P<0.001；**，P<0.01；*，P<0.05；ns，P>0.05.

2）开花时间的差异比较

从图 10.17 可以看出，水深和水淹时间也可以影响植物的开花时间以及持续时间，当水淹程度最长且水位最深的时候植物的开花时间最长，当水淹时间较短且水位较浅的时候，植物开花时间相对延迟且持续时间较短。

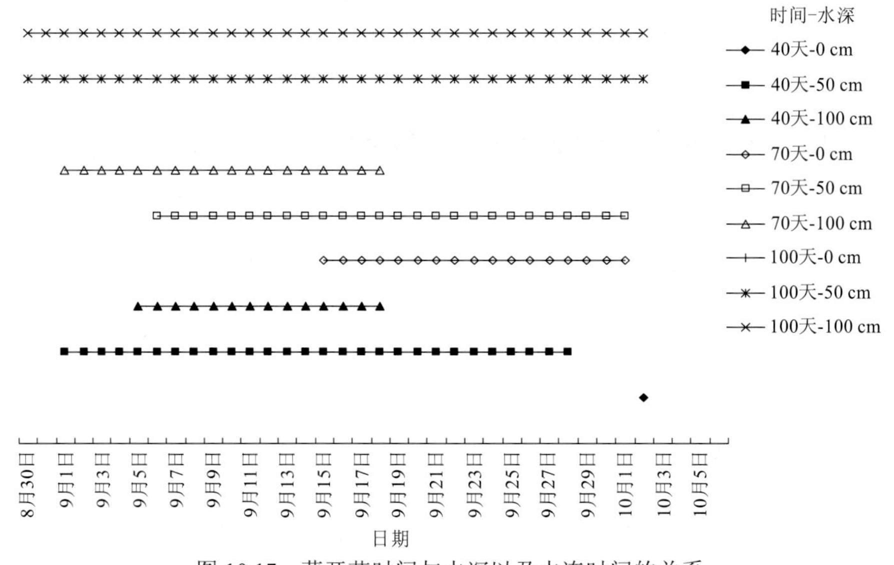

图 10.17 菰开花时间与水深以及水淹时间的关系

3）生物量分配

从图 10.18、图 10.19 可以看出，水深以及水淹时间对菰的总生物量影响不大，但是对其根冠比影响较大，当水深增加时，地上部分生物量增加而地下部分生物量减少。

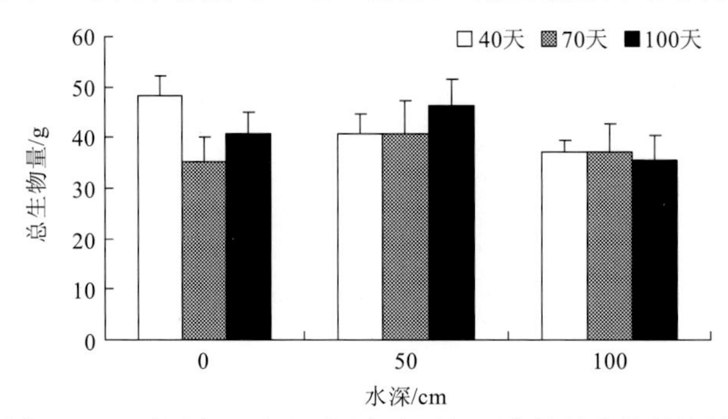

图 10.18 不同水深以及不同水淹时间下菰的总生物量比较

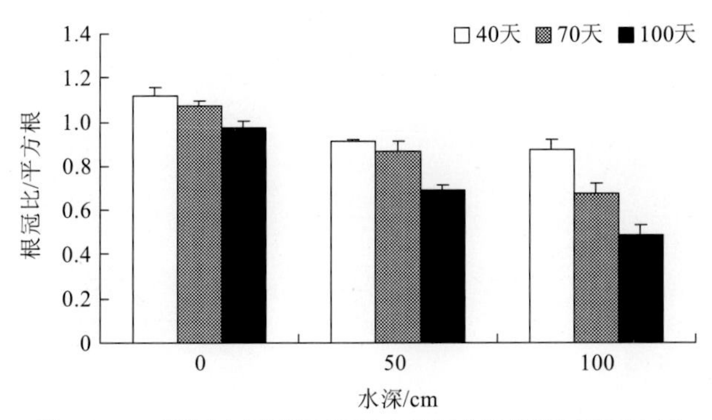

图 10.19 不同水深以及不同水淹时间下菰的根冠比较

3. 结论

与短期的适应性不同，菰对长期的胁迫环境具有较好的耐受性，主要通过增加植株高度，增加地上部分生物量以及增加开花时间，提前开花等手段实现。但是，长期水淹同时带来地下部分生物量的减少以及植物分株数的减少，对于种群的稳定与维持产生不利影响。菰是对水位变化适应较好的物种，可以用于河岸带植物群落的修复和景观设计，但是，能不能选择合适的水位至关重要。通过短期和长期的研究发现，菰能够生长的适宜水位应该为 1～2 m 且有水位波动的区域。

10.4 大渡河河口景观设计及整体生态规划方案

10.4.1 大渡河河口景观规划总体原则

在保护现有植物群落的基础上，结合水位的变化合理配置不同水位条件下的植物种类，以期实现现有植物群落结构的完整。对于受损珍稀濒危物种以及建群物种进行迁地保护，同时对于建坝出现的新区域，进行人工景观和人工湿地的设计，构建既具有植物群落修复功能又符合景观要求，自然与人类相和谐的河口段生态示范区。

10.4.2 大渡河河口景观规划技术路线

大渡河河口景观规划技术路线如图 10.20 所示。

10.4.3 大渡河河口景观规划方案

考虑到大渡河河口安谷水电站的修建对坝体上下游的影响，主要规划了自然消落区以及大坝修建后的填埋区的景观。其中：自然消落区主要以保持其在大坝修建前后植物群落的一致性和完整性为主；填埋区主要以打造人工湿地，移栽珍稀濒危植物构建生态景观丰富人民日常生活为主。同时，考虑到大坝修建后水位的影响，建议在坝体上游及下游各选取一定范围作为示范区域，进行景观规划，总体规划方案如图 10.21 所示。

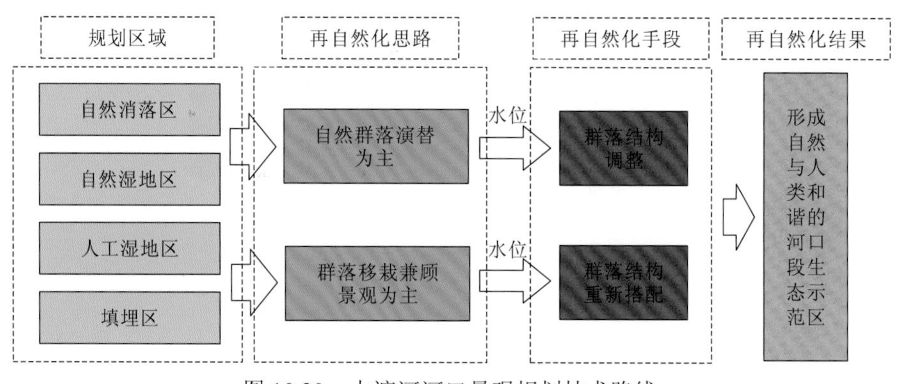

图 10.20 大渡河河口景观规划技术路线

10.4.4 大渡河河口不同规划区域物种选择的原则

考虑到水位对植物生长繁殖的影响，对于水位线以上的植物配置主要以旱生植物为主，而对于水位线以下的植物配置主要以浮叶植物以及沉水植物为主。根据研究结果，浮叶植物主要配置在水位线附近，而沉水植物主要配置于常水位线以下 0.5 m 左右为宜。

具体分区域物种选择如下。

自然消落区：以自然植物物种为主，适当进行调整，主要以芒、秋华柳、水蓼、春蓼、疏花水柏枝、凤仙花、水芹等为主。

填埋区：主要针对新出现的填埋区域的坡面坡度和水生植物的生长特性，结合区域内自然条件下植物群落的组成特点，打造与自然消落区相似的植物物种分布格局，植物种类以移栽为主，主要有宽叶香蒲、鸢尾、芦苇、菖蒲、秋华柳、水蓼、春蓼、疏花水柏枝、凤仙花、水芹、野大豆、蒲公英、荇菜、水鳖、两栖蓼等。

人工湿地：以大坝建成后遭受破坏的物种进行重新构建为主思路。植物物种以疏花水柏枝、秋华柳、杨树等为主，以睡莲、荇菜、苦草、凤仙花、美人蕉等观赏植物为辅进行构建。

根据以上选择的原则对每个不同的规划设计方案选择不同的植物物种搭配方案。

1. 大渡河河口上游河段景观示范区自然植物群落物种搭配

调查结果表明，大渡河河口上游河段自然植物群落以双穗雀稗、水蓼等湿生植物为主，因此在设计的植物群落物种搭配中，应尽量保留其原始植物群落，并根据河岸带不同区域调整不同的植物类群：岸顶区以旱生植物为主；水岸交错区以湿生植物为主；岸底区以沉水植物为主（图 10.22）。

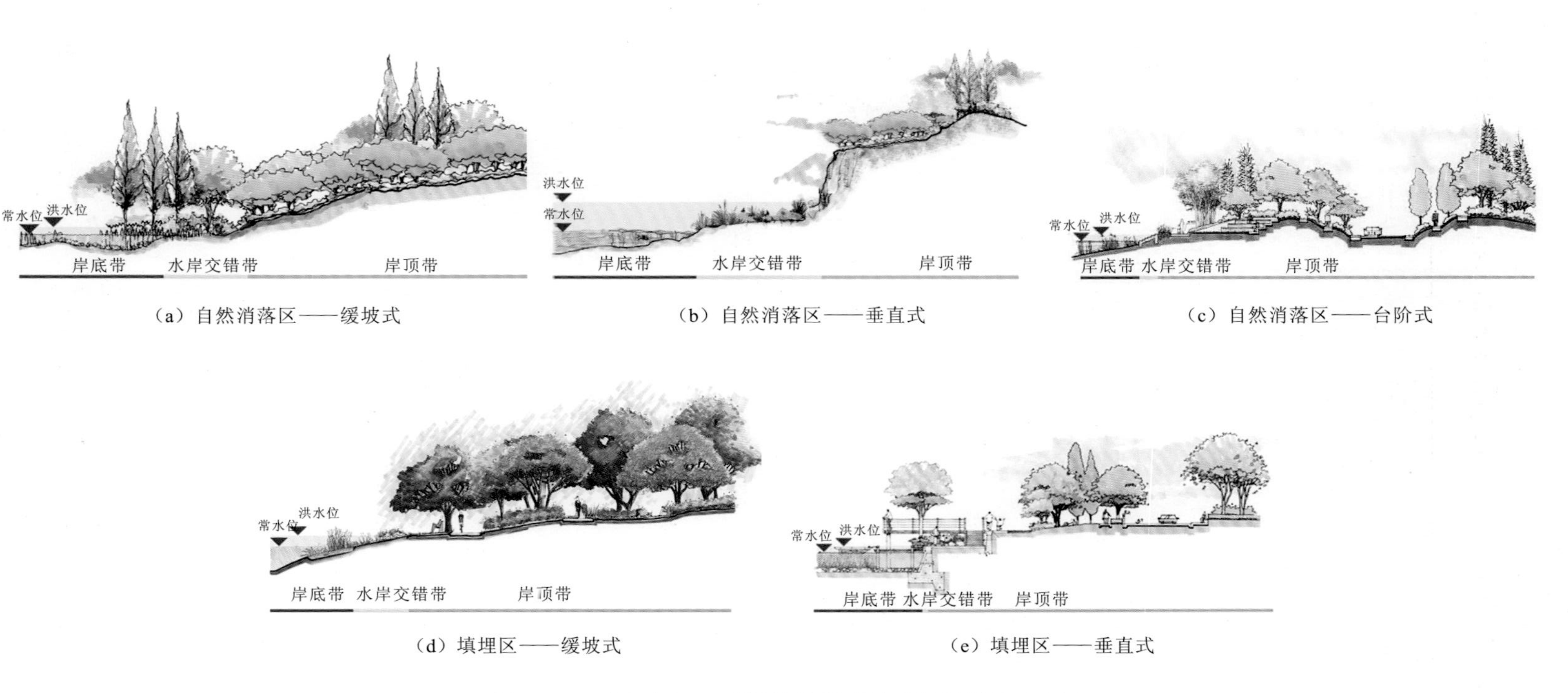

图 10.21 大渡河河口不同坡岸类型景观规划设计示意图

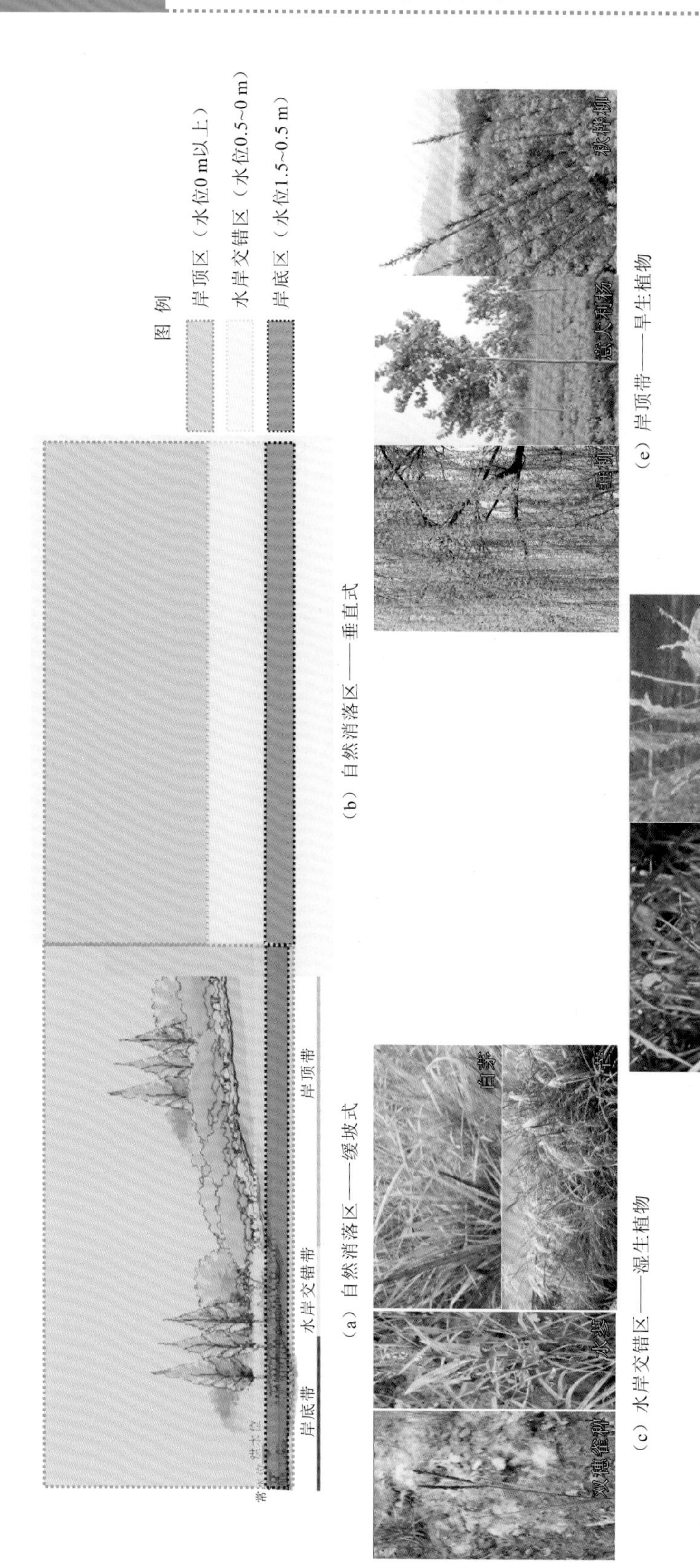

（a）自然消落区——缓坡式

（b）自然消落区——垂直式

（c）水岸交错区——湿生植物

（d）岸底带——沉水植物

（e）岸顶带——旱生植物

图 10.22　大渡河河口上游河段景观示范区自然群落物种搭配

2. 大渡河河口填埋区景观示范区人工植物群落物种搭配

根据大渡河河口上游河段的植物群落调查结果，人工植物群落应尽量形成与自然植物群落相一致的群落结构类型，同时考虑人文景观和珍稀植物物种的迁地保护，搭配自然植物群落中的珍稀物种并适当引进景观物种：岸顶区以自然旱生植物为主；水岸交错区以湿生植物配合观赏性浮叶植物为主；岸底区以观赏性沉水植物为主（图 10.23）。

3. 大渡河河口下游河段景观示范区自然植物群落物种搭配

调查结果表明，大渡河河口下游河段自然植物群落以芒、春蓼、狗牙根等湿生植物为主，因此在设计的植物群落物种搭配中，应尽量保留其原始群落，并根据河岸带不同区域调整不同的植物类群：岸顶区以旱生植物为主；水岸交错区以湿生植物为主；岸底区以沉水植物为主（图 10.24）。

图 10.23 大渡河河口景观示范区人工群落填埋区物种搭配

（a）自然消落区——缓坡式

（b）自然消落区——垂直式

（c）水岸交错区——湿生植物

（d）岸顶带——旱生植物

（e）岸底带——沉水植物

图 10.24 大渡河河口下游河段景观示范区自然群落物种搭配

[1] SEIFERT A. Naturnaeherer wasserbau[J]. Deutsche wasser wirtschaft, 1983, 33(12): 361-366.

[2] WEINMEISTER H W. Wildbachverbauung aus landschftaoekologischer sicht[J]. Forstzeitung, 1991, 23-27.

[3] BINDER W, JUERGING P, KARL J. Naturnaher wasserbau merka male und grenzen[J]. Garten und landschaft, 1983, 93(2): 91-94.

[4] HOHMANN J, KONOLD W. Flussbau-massnah men an der wu-tach und ihre bewertung aus oekologischer sicht[J]. Deutsche wasserwirtschaft, 1992, 82(9): 434-440.

[5] PABST W. Naturgemaesser wasserbau[J]. Schweizer Ingenieur und Architekt, 1989,37: 984-989.

[6] REYNOLDS C S. Application of reference date for the successful biomanipulation of aquatic communities[J]. Hydrobiol,1994, 130: 1-33.

[7] 宋欣. 河流景观的近自然化设计研究: 以荷兰莱茵河河流景观设计为例[D]. 北京: 北京交通大学, 2011.

[8] SEIFERT A. Naturnaeherer wasserbau[J]. Deutsche wasserwirtschaft. 1983, 33(12): 361-366.

[9] ROSGEN D L. Applied river morphology[M]. Colorado: Wild land hydrology, 1996.

[10] ROSGEN D L. A stream channel stability assessment methodology[R]. Proceedings of the Seventh federal interagency sedimentation conference, Reno, Nevada, pp. II-18 to II-26, 2001.

[11] 刘桂玲. 浙江省城镇近自然河道设计方法研究[D]. 杭州: 浙江农林大学, 2010.

[12] 宋庆辉, 杨志峰. 对我国城市河流综合管理的思考[J]. 水科学进展, 2002, 13(3): 377-382.

[13] 财团法人河口整治中心, 河流与自然环境[M]. 吴浓娣, 张祥伟, 高波, 等译. 郑州: 黄河水利出版社, 2004.

[14] 陈吉泉. 河岸植被特征及其在生态系统和景观中的作用[J]. 应用生态学报, 1996, 7(4): 439-448.

[15] 杨芸. 论多自然型河流治理法对河流生态环境的影响[J]. 四川环境, 1999, 18(1): 19-24.

[16] 高甲荣. 近自然治理: 以景观生态学为基础的荒溪治理工程[J]. 北京林业大学学报, 1999, 21(1): 80-85.

[17] 高甲荣, 王芳, 朱继鹏, 等. 河溪生态系统自然性评价指标体系[J]. 中国水土保持科学, 2006(5): 66-70.

[18] 高甲荣, 肖斌. 荒溪近自然管理的景观生态学基础: 欧洲阿尔卑斯山地荒溪管理研究概述[J]. 山地学报, 1999, 17(3): 244-249.

[19] 高甲荣, 肖斌, 牛健植. 河溪近自然治理的基本模式与应用界限[J]. 水土保持学报, 2002, 16(6): 84-88.

[20] 董哲仁. 生态水工学的理论框架[J]. 水利学报 2003, (1): 1-6.

[21] 朱国平, 徐伟, 齐实, 等. 山东省招远市城东河河道近自然治理设计初探[J]. 水土保持研究, 2004, 11(1): 160-162, 181.

[22] 达良俊, 颜京松. 城市近自然型水系恢复与人工水景建设探讨[J]. 现代城市研究, 2005(1): 8-15.

[23] 金元欢, 等. 城市水景的生态设计与综合治理: nars营造清澈秀美的原生态水景系统[M]. 北京: 中国水利水电出版社, 2006.

[24] 王秀英, 王东胜, 陈兴茹. 城市河流近自然治理河道形态设计研究[C]//第三届全国水力学与水利信息学大会论文集. 南京: 中国水利学会, 2007.

[25] 高阳, 高甲荣, 刘瑛, 等. 河道近自然恢复措施及其生态作用[J]. 水土保持研究, 2007, 14(1): 95-97.

[26] 王海亚. 生态水工学的理论方法及其在河道治理中的应用[D]. 武汉: 武汉大学, 2004.

[27] 董哲仁. 生态水工学: 人与自然和谐的工程学[J]. 水利水电技术, 2003, 34(1): 14-17.

[28] 王薇, 李传奇. 河流廊道与生态修复[J]. 水利水电技术, 2003, 34(9): 56-58.

[29] 杨海军, 李永祥. 河流生态修复的理论与技术[M]. 长春: 吉林科学技术出版社, 2005.

[30] 何松云, 韦亚芬, 杨海军. 城市河流生态恢复的研究现状与问题[J]. 东北水利水电, 2005, 23(12): 44-45, 51, 72.

[31] 夏继红, 严忠民. 国内外城市河道生态型护岸研究现状及发展趋势[J]. 中国水土保持, 2004(3): 20-21.

[32] 夏继红, 严忠民. 生态河岸带研究进展与发展趋势[J]. 河海大学学报, 2004, 32(3): 252-255.

[33] 杜良平. 生态河道构建体系及其应用研究[D]. 杭州: 浙江大学. 2007.

[34] 吴捷. 常州市河岸带现状与生态恢复对策的初步研究[D]. 南京: 南京林业大学, 2007.

[35] 陈苏柳, 徐苏宁. 哈尔滨市滨水特色景观规划与设计[C]//城市规划面对面: 2005城市规划年会论文集: 历史文化保护规则. 北京: 中国水利水电出版社, 2006.

[36] 高永宏. 沈阳市浑河滨水区开发战略研究[D]. 辽宁: 东北大学, 2005.

[37] 洪再生, 陈艳, 王哲. 天津海河开发与德式风貌区改造规划研究[C] //城市规划面对面: 2005城市规划年会论文集: 历史文化保护规则. 北京: 中国水利水电出版社, 2006.

[38] 潘丽珍, 高军. 青岛市滨海地区规划与实践[C]//2004城市规划年会论文集(上). 北京: 中国水利水电出版社, 2006.

[39] 周晓娟, 彭锋. 论城市滨水区景观的塑造: 兼对上海外滩景观设计的分析[J]. 上海城市规划, 2001(3): 27-30.

[40] 金云峰, 徐振. 苏州河滨水景观研究[J]. 城市规划汇刊, 2004(2): 76-80.

[41] 范须壮, 胡晓鸣. 城市滨水区开发建设之我见: 以杭州西湖南线工程整合为例[J]. 华中建筑, 2003(5): 84-87.

[42] 高阳. 京郊河溪近自然生态评价及其治理研究[D]. 北京: 北京林业大学, 2009.

[43] 张觉民, 何志辉. 内陆水域渔业自然资源调查手册[M]. 北京: 农业出版社, 1991.

[44] 章宗涉, 黄祥飞. 淡水浮游生物研究方法[M]. 北京: 科学出版社, 1991.

[45] 韩茂森, 束蕴芳. 中国淡水生物图谱[M]. 北京: 科学出版社, 1995.

[46] 周凤霞, 陈剑虹. 淡水微型生物图谱[M]. 北京: 化学工业出版社, 2005.

[47] MONTECINO V, CABRERA S. Phytoplankton activity and standing crop in an impoundment of central

Chile [J]. Journal of plankton research, 1982, 4(4): 943-950.

[48] ASCIOTI F A, BELTRAMI E, CARROLL T O, et al. Is there chaos in plankton dynamics[J]. Journal of Plankton Res, 1993, 15(7): 613-617.

[49] PARKER J I, COMWAY H L, YAGUCHI E M. Seasonal periodicity of diatoms' and silicon limitation in offshore lake Michigan[J]. Journal of the fisheries research board of Canada, 1977, 34: 552-558.

[50] SOBALLE D M, KIMMEL B L. A large-scale comparison of factors influencing phytoplankton abundance in rivers, lakes and impoundments[J]. Ecology, 1987, 68: 1943-1954.

[51] 孟顺龙, 陈家长, 胡庚东, 等. 2008年太湖梅梁湾浮游植物群落周年变化[J]. 湖泊科学, 2010, 22(4): 577-584.

[52] 陈清潮, 黄良民, 尹建强, 等. 南沙群岛海区浮游动物多样性研究[C]//中国科学院南沙综合考察队. 南沙群岛及其邻近海区海洋生物多样性研究I. 北京: 海洋出版社, 1994.

[53] 郭沛涌, 林育真, 李玉仙. 东平湖浮游植物与水质评价[J]. 海洋湖沼通报, 1997(4): 37-42.

[54] 李超伦, 张永山, 孙松, 等. 桑沟湾浮游植物种类组成、数量分布及其季节变化[J]. 渔业科学进展, 2010, 31(4): 1-8.

[55] 水利部中国科学院水库渔业研究所. 水库渔业资源调查规范(SL 167-96)[S]. 北京: 中国水利水电出版社, 1996.

[56] 长江水利委员会. 维护健康长江, 促进人水和谐研究报告[R]. 武汉: 长江水利委员会, 2005.

[57] 蔡庆华, 唐涛, 刘建康. 河流生态学研究中的几个热点问题[J]. 应用生态学报, 2003, 14(9): 1573-1577.

[58] COMMISSIONER P. Healthy river for tomorrow[R]. Sydney: Healthy river commission, 2003.

[59] MICHAELIDES K, CHAPPELL A. Connectivity as a concept for characterising hydrological behaviour[J]. Hydrological processes, 2009, 23(3): 517-522.

[60] 刘洪波. 鱼道建设现状、问题与前景[J]. 水利科技与经济, 2009 (6): 477-479.

[61] WTARD J V, STANFORD J A. The ecology of regulated streams[M]. New York: Plenum Press, 1979.

[62] 余文公. 三峡水库生态径流调度措施与方案研究[D]. 南京: 河海大学, 2007.

[63] 钮新强, 谭培伦. 三峡工程生态调度的若干探讨[J]. 中国水利, 2006(14): 4-6.

[64] JUNK W J. General aspects of floodplain ecology with special reference to Amazonian floodplains[J]. Ecilogical studies, 1997, 126: 3-5.

[65] 张洪波. 黄河干流生态水文效应与水库生态调度研究[D]. 西安: 西安理工大学, 2009.

[66] 魏BU, 容致旋. 关于德涅斯特罗夫水库利用调度进行自然保护的问题[J]. 水利水电快报, 1994 (14): 7-11.

[67] 陈启慧. 美国两条河流生态径流试验研究[J]. 水利水电快报, 2005, 26 (15): 23-24.

[68] 吕新华. 大型水利工程的生态调度[J]. 科学进步与对策, 2006 (7): 129-131.

[69] LOVICH J, MELIS T S. The state of the Colorado River ecosystem in Grand Canyon: Lessons from 10 years of adaptive ecosystem management[J]. International journal of river basin management, 2007, 5(3): 207-221.

[70] HIGGINS J M, BROCK W G. Overview of reservoir release improvement at 20 TVA dams[J]. Journal of

energy engineering, 1999, 125(1): 1-17.

[71] RICHTER B D, THOMAS G A. Restoring environmental flows by modifying dam operations[J]. Ecology and society. 2007, 12(1): 12.

[72] RICHTER B D, WARNER A T, MEYER J L, et al. A collaborative and adaptive process for developing environmental flow recommendations[J]. River research and applications, 2006, 22(3): 297-318.

[73] ARTHINGTON A H, ROLLS R, STERNBERG D, et al. Fish assemblages in sub-tropical rivers: low flow hydrology dominates hydro-ecological relationships[J]. Hydrological Sciences Journal. 2014;59: 594-604.

[74] 容致旋. 伏尔加河下游有利于生态的春季放水可行性研究[J]. 水利水电快报, 1994(1), 17: 4-8.

[75] Hughes D A, Hannart P. A desktop model used to provide an initial estimate of the ecological instream flow requirements of rivers in South Africa[J]. Journal of hydrology, 2003(27): 167-181.

[76] 翟丽妮, 梅亚东, 李娜, 等. 水库生态与环境调度研究综述[J]. 人民长江, 2007, 38(8): 56-60.

[77] 王流泉. 南水北调中线工程是解决河北省水资源危机的根本措施[J]. 河北水利水电技术, 1996(3): 29-31.

[78] 谢敏. 针对河流水华现象的生态调度研究[D]. 南京: 河海大学, 2007.

[79] 索丽生. 水利工程的“特殊功能”: 关于水利工程建设新思路的思考[J]. 中国水利, 2003(1): 25-26.

[80] 王浩, 秦大庸, 王研, 等. 西北内陆干旱区生态环境及其演变趋势[J]. 水利学报, 2004(8): 8-14.

[81] 潘明祥. 三峡水库生态调度目标研究[D]. 上海: 东华大学, 2011.

[82] 鄂竟平. 在国家防总 2005 年珠江压咸补淡应急调水工作总结会议上的讲话[J]. 人民珠江, 2005(4): 1-3.

[83] 黄云燕. 水库生态调度方法研究[D]. 武汉: 华中科技大学, 2008.

[84] 陈敏建. 生态需水配置与生态调度[J]. 中国水利, 2007(11): 21-24.

[85] 王远坤, 夏自强, 王桂华. 水库调度的新阶段: 生态调度[J]. 水文, 2008, 28(1): 7-9.

[86] 余文公, 夏自强, 于国荣, 等. 生态库容及其调度研究[J]. 商丘师范学院学报, 2006, 22(5): 148-151.

[87] 陈敏建, 丰华丽, 王立群, 等. 生态标准河流和调度管理研究[J]. 水科学进展, 2006, 17(5): 631-636.

[88] 陈竹青. 长江中下游生态径流过程的分析计算[D]. 南京: 河海大学, 2005.

[89] 高永胜, 叶碎高, 郑加才. 河流修复技术研究[J]. 水利学报(增刊), 2007, 0592-05: 592-596.

[90] 陈庆伟, 刘兰芬, 孟凡光, 等. 筑坝的河流生态效应及生态调度措施[J]. 水利发展研究, 2007(6): 15-17.

[91] DONALD H. GRAY, ROBBIN B, et al. Biotechnical stabiizatiton of highway cut slope[J]. Journal of geotechnical engineering, 1992, 118(9): 1395-1409.

[92] ZHANG G H, CHANG J B, SHU G F. Apllications of factor-criteria system reconstruction analysis in the reproduction research on grass carp, black carp, silver carp and bighead in the yangtze river[J]. International journal of general systems, 1998, 29(3): 419-428.

[93] 李翀, 彭静, 廖文根. 长江中游四大家鱼发江生态水文因子分析及生态水文目标确定[J]. 中国水利水电科学研究院学报, 2006, 4(3): 170-176.

[94] 王尚玉, 廖文根, 陈大庆, 等. 长江中游四大家鱼产卵场的生态水文特性分析[J]. 长江流域资源与

环境, 2008, 17(6): 892-897.

[95] 张晓敏, 黄道明, 谢文星, 等. 汉江中下游“四大家鱼”自然繁殖的生态水文特征[J]. 水生态学杂志, 2009, 2(2): 126-129.

[96] 陈永柏, 廖文根, 彭期冬, 等. 四大家鱼产卵水文水动力特性研究综述[J]. 水生态学杂志, 2009, 2(2): 130-133.

[97] 危起伟, 班璇, 李大美. 葛洲坝下游中华鲟产卵场的水文学模型[J]. 湖北水力发电 2007, (2): 4-6.

[98] 张辉, 危起伟, 杜浩, 等. 中华鲟自然繁殖的水文状况适合度研究[J]. 长江科学院院报, 2010, 27(10): 75-81.

[99] 黄小雪, 姜跃良, 蒋红, 等. 流域梯级开发中河道生态环境需水量研究[J]. 水力发电学报, 2007, 26(3): 111-112.

[100] 郭文献. 基于河流健康的水库生态调度模式研究[D]. 南京: 河海大学, 2008.

[101] THAME R E. A global perspective on environmental flow assessment: Emerging trends in the development and application of environmental flow methodologies for rivers[J]. River research and applications, 2003, 19(5): 397-441.

[102] TENNANT D L. Instream flow regimens for fish, wildlife, recreation and related environmental resources[J]. Fisheries, 1976, 1(4): 359-373.

[103] BARTSCHI D K. A habitat-discharge method of determining instream flows to protect fish habitat[C]//Proceedings of the symposium and speciality conference on instream flow needs. Texas: American fisheries society, 1976.

[104] ARTHINGTON A H, PUSEY B J. In-stream flow management in Australia: methods, deficiencies and future directions[J]. Australian biologist, 1993(6): 52-60.

[105] BOVEE K D. A comprehensive overview of the instream flow incremental methodology[R]. Wirgina: National biological service, fort collins corporation, 1996.

[106] BUNN S E, ARTHINGTON A H. Basic principles and ecological consequences of altered flow regimes for aquatic biodiversity[J]. Environmental management, 2002, 30(4): 492-507.

[107] ARMBRUSTER J T. An infiltration index useful in estimating low-flow characteristics of drainage basins[J]. Journal of research U. S. geological survey, 1976, 4(5): 533-538.

[108] ARTHINGTON A H, KING J M, O'KEEFEE J, et al. Development of an holistic approach for assessing environment flow requirements of riverine ecosystem[C]//In: PIGRAM J J, HOOPER B P(eds). Water allocation for the environment armindale: The centre for policy research. University of New England, 1992.

[109] HUGHES D A. Towards the incorporation of magnitude-frequency concepts into the building block methodology used for quantifying ecological flow requirements of South African rivers[J]. Water South African, 1999, 25(3): 279-284.

[110] HUGHES D A. Providing hydrological information and data analysis tools for the determination of ecological instream flow requirements for South African rivers[J]. Journal of hydrology, 2001, 241: 140-151.

[111] BOVEE K D. Development and evaluation of habitat suitability criteria for use in the instream flow incremental methodology[R]. Fish and wildlife service biological report, 1986, 86(7): 1-235.

[112] THOMSON J R, TAYLOR M P, Fryirs K, et al. A geomorphological framework for river characterization and habitat assessment[J]. Aquatic conserve: Marfresh, ecosyst, 2001, 11: 373-389.

[113] DIEGO G D J, JAVIER G. Evaluation of instream habitat enhancement options using fish habitat simulations: case-studies in the river pas (Spain) [J]. Aquatic ecology, 2007, 41: 461-474.

[114] BOCKELMANN B N, FENRICH E K, LIN B, et al. Development of an ecohydraulics model for stream and river restoration[J]. Ecological engineering, 2004, 22(4): 227-235.

[115] RONI P, BENNETT T, MORLEY S, et al. Rehabilitation of bedrock stream channels: the effects of boulder weir placement on aquatic habitat and biota[J]. River research and applications, 2006, 22(9): 967-980.

[116] TERRY W . Field evaluation of a two-dimensional hydrodynamic model near boulders for habitat calculation[J]. River research and applications, 2009, 26(6): 730-741.

[117] CHOU W C, CHUANG M D. Habitat evaluation using suitability index and habitat type diversity: a case study involving a shallow forest stream in central Taiwan[J]. Environmental monitoring and assessment, 2011, 172(1): 689.

[118] LACEY R W, MILLAR R G. Reach scale hydraulic assessment of instream salmonid habitat restoration[J] JAWRA journal of the American water resources association, 2004, 40(6): 1631-1644.

[119] MILNER A M, IAN T, PHILLIPS G . The role of riparian vegetation and woody debris in the development of macroinvertebrate assemblages in streams[J]. River research and applications, 2005, 21: 403-420.

[120] WEBB A A, ERSKINE W D. Natural variability in the distribution, loading and induced scour of large wood in sand-bed forest streams[J]. River research and applications, 2005, 21: 169-185.

[121] JOHNSON L B, BRENEMAN D H, Richards C. Macroinvertebrate community structure and function associated with large wood in low gradient streams[J]. River research and applications, 2003, 19: 199-218.

[122] BROOKS A P, GEHRKE P, JAWSEN J D, et al. Experimental reintroduction of woody debris on the Williams river, NSW: Geomorphic and ecological responses[J]. River research and applications, 2004, 20: 513-536.

[123] ANGRADI T R, SCHWEIGER E W, BOLGRINE D W, et al. Bank stabilization, riparian land use and the distribution of large woody debris in a regulated reach of the upper Missouri river, North Dakota, USA[J]. River research and applications, 2004, 20: 829-846.

[124] 王庆国，李嘉，李克锋，等. 减水河段水力生态修复措施的改善效果分析[J]. 水利学报，2009, 39(6): 756-761.

[125] 英晓明. 基于 IFIM 方法的河流生态环境模拟研究[D]. 南京：河海大学, 2006.

[126] 余国安，王兆印，张康，等. 人工阶梯：深潭改善下切河流水生栖息地及生态的作用[J]. 水利学报, 2008, 39(2): 162-167.

[127] PARSONS M, THOMS M C, NORRIS R H. Development of a standardised approach to river habitat assessment in australia[J]. Environmental monitoring and assessment, 2004, 98(1-3): 109-130.

[128] KERSHNER J L, SNIDER W M,BOON P J, et al. Importance of a habitat-level classification system to design instream flow studies[J]. River conservation and management, 1992, 179-193.

[129] 何晓群. 现代统计分析方法与应用[M]. 2 版. 北京: 中国人民大学出版社, 1998.

[130] KELLER E , MELHORN W N. Rhythmic spacing and origin of pools and riffles[J]. The Geological Society of America Bulletin (1978) 89 (5): 723-730.

[131] HIGGINSON N N,JOHNSTON H T. Estimation of friction factorin natural streams,in international conference on river regime[M]. New York: John wiley,1988.

[132] 肖笃宁, 李秀珍, 高峻, 等. 景观生态学[M]. 2版. 北京: 科学出版社, 2010.

[133] STEINER F, YOUNG G, ZUBE E. Ecological planning: Retrospect and prospect[J]. Landseape journal, 1987, 6(2): 31-39.

[134] COOK E A, VANLIER H N. Landscape planning and ecological networks[J]. Elsevier, 1994, 1-69.

[135] 俞孔坚. 景观: 文化、生态与感知[M]. 北京: 科学出版社, 1998.

[136] 肖笃宁, 李团胜. 试论景观与文化[J]. 大自然探索, 1997, 16(2): 68-71.

[137] 欧阳志云, 王如松. 生态规划的回顾与展望[J]. 自然资源学报, 1995, 10(3): 203-214.

[138] MCHARG I L. Human ecological planning at plennsyvania[J]. Landscape planning, 1981, 8(2): 109-120.

[139] 肖笃宁, 李秀珍. 景观生态学的学科前沿与发展战略[J]. 生态学报, 2003, 23(8): 1615-1621.

[140] 傅伯杰, 王仰林. 国际景观生态学研究的发展动态与趋势[J]. 地球科学进展, 1990(3): 56-60.

[141] 董鸣. 陆地生物群落调查观测与分析[M]. 北京: 中国标准出版社. 1997.

[142] 黄祥飞. 湖泊生态调查观测与分析[M]. 北京: 中国标准出版社, 2000.

[143] 中国科学院中国植物志编辑委员会. 中国植物志[M]. 北京: 科学出版社, 2004.

附　　录

附表 1　浮游植物名录

硅藻门 Bacillariophyta			
变异直链藻	*Melosira varians*	连结脆杆藻双结变种	*F. construens* var.*venter*
颗粒直链藻	*M. granulata*	脆杆藻一种	*F.* sp.
颗粒直链藻极狭变种	*M.* var.*angustissima*	双头针杆藻	*Synedra amphicephala*
螺旋颗粒直链藻	*M.* var.*angustissima f.spiralis*	尖针杆藻	*S. acus*
直链藻一种	*M.* sp.	尖针杆藻放射变种	*S. acus* var. *radians*
华丽星杆藻	*Asterionella formosa*	偏凸针杆藻	*S. vaucheriae*
弯羽纹藻	*Pinnularia gibba*	偏凸针杆藻小头变种	*S. vaucheriae* var. *capitellata*
大羽纹藻	*P. major*	肘状针杆藻	*S. ulna*
著名羽纹藻	*P. nobilis*	肘状针杆藻窄变种	*S. ulna* var.*contracta*
同族羽纹藻	*P. gentilis*	肘状针杆藻狭细变种	*S.ulna* var. *danica*
细条羽纹藻小型变种	*P. microstauron f. dininuta*	近缘针杆藻	*S. affinis*
波缘羽纹藻	*P. undulata*	针杆藻一种	*S.* sp.
短肋羽纹藻	*P. brevicostata*	绒毛平板藻	*Tabellaria floculosa*
细条羽纹藻	*P. microstauron*	窗格平板藻	*T. fenestrata*
间断羽纹藻	*P. interrupta*	平板藻一种	*T* .sp.
北方羽纹藻	*P. borealis*	谷皮菱形藻	*Nitzschia palea*
磨石形羽纹藻	*P. molaris*	泉生菱形藻	*N. fonticola*
纤细羽纹藻	*P. gracillima*	细齿菱形藻	*N. denticula*
微绿羽纹藻	*P. viridis*	近线形菱形藻	*N. sublinearis*
近小头羽纹藻	*P. subcapitata*	两栖菱形藻	*N. amphibia*
歧纹羽纹藻	*P. divergentissima*	池生菱形藻	*N. stagnorum*
羽纹藻一种	*P.* sp.	小片菱形藻	*N. frustulum*
广缘小环藻	*Cyclotella bodanica*	双生双楔藻	*Didymosphenia geminata*
小环藻一种	*C.* sp.	弯楔藻	*Rhoicosphenia curvata*
细布纹藻	*Gyrosigma spencerli*	短角美壁藻	*Caloneis silicula*
尖布纹藻	*G. acuminatum*	舒曼美壁藻	*C. schumanniana*
变异脆杆藻中窄变种	*Fragilaria virescens* var. *mesolepta*	偏肿桥弯藻	*Cymbella ventricosa*
中型脆杆藻	*F. intermedia*	细小桥弯藻	*C. pusilla*

续表

微细桥弯藻	*C. parvulum*	英吉利舟形藻	*N. anglica*
膨胀桥弯藻	*C. tumida*	舟形藻一种	*N.* sp.
小桥弯藻	*C. laevis*	月形短缝藻	*Eunotia lunaris*
舟形桥弯藻	*C. turgidula*	篦形短缝藻	*E. pectinalis*
极小桥弯藻	*C. perpusilla*	极小短缝藻	*E. perpusilla*
小头桥弯藻	*C. microcephala*	苏台德短缝藻	*E. sudetica*
近缘桥弯藻	*C. affinis*	草鞋形波缘藻	*Cymatopleura solea*
尖头桥弯藻	*C. cuspidata*	椭圆波缘藻	*C. elliptica*
优美桥弯藻	*C. delicatula*	卵形波缘藻	*C. ovata*
纤细桥弯藻	*C. gracilis*	普通等片藻	*Diatoma vulgare*
埃伦桥弯藻	*C. ehrenbergii*	延长等片藻	*D. elongatum*
胡斯特桥弯藻	*C. hustedtii*	缠结异极藻	*Gomphonema intricatum*
箱形桥弯藻	*C. cistula*	中间异极藻矮小变种	*G. intricatum* var *.pumila*
新月形桥弯藻	*C. cymbiformis*	尖异极藻	*G. acuminatum*
桥弯藻一种	*C.* sp.	尖异极藻花冠变种	*G. actuminatum* var. *coronatun*
放射舟形藻	*Navicula radiosa*	缢缩异极藻	*G. constrictum*
扁圆舟形藻	*N. placentula*	纤细异极藻	*G. gracile*
系带舟形藻	*N. cincta*	窄异极藻	*G. angustatum*
尖头舟形藻	*N. cuspidata*	短纹异极藻	*G. abbreviatum*
双球舟形藻	*N. amphibola*	微细异极藻	*G. parvulum*
双头舟形藻	*N. dicephala*	粗壮双菱藻	*Surirella robusta*
瞳孔舟形藻	*N. pupula*	窄双菱藻	*S. angustata*
头端舟形藻	*N. capitata*	螺旋双菱藻	*S. spiralis*
微型舟形藻	*N. minima*	卡普龙双菱藻	*S. capronii*
杆状舟形藻	*N. bacillum*	卵形双菱藻	*S. ovata*
喙头舟形藻	*N. rhynchocephala*	线形双菱藻	*S. linearis*
卡里舟形藻	*N. cari*	扁圆卵形藻	*Cocconeis placentula*
线形舟形藻	*N. graciloides*	扁圆卵形藻多孔变种	*C. placentula* var. *euglypta*
椭圆舟形藻	*N. schonfeldii*	垂卵形藻	*C. pendiculus*
隐头舟形藻	*N. cryptocephala*	弧形蛾眉藻	*Ceratoneis arcus*
短小舟形藻	*N. exigua*	弧形蛾眉藻双头变种	*C. arcus* var. *amphioxys*
罗塔舟形藻	*N. rotaeana*	美丽双壁藻	*Diploneis puella*

续表

星型冠盘藻	*Stephanodiscus astraea*	克罗脆杆藻	*F. crotonensis*
普通肋缝藻	*Frustulia vulgris*	变绿脆杆藻	*F. virescens*
微绿肋缝藻	*F. viridula*	长菱板藻	*H. elongaia*
双尖菱板藻	*Hantzschia amphioxys*	披针形曲壳藻	*Achnanthes lanceolata*
双头辐节藻	*Stauroneis anceps*	波缘曲壳藻	*A. crenulata*
双头辐节藻线形变型	*S. anceps* f.*linearis*	短小曲壳藻	*A. exigua*
矮小辐节藻	*S. pygmaea*	优美曲壳藻	*A. delicatula*
尖辐节藻	*S. acuta*	透明双肋藻	*Amphipleura pellucida*
辐节藻一种	*S.* sp.	卵圆双眉藻	*Amphora ovalis*
钝脆杆藻	*Fragilaria capucina*	环状扇形藻	*Meridion circulare*
钝脆杆藻中狭变种	*F. capucina*.var. *mesolepta*	环状扇形藻缢缩变种	*M. circulare* var. *constricta*
短线脆杆藻	*F. brevistriata*		
	绿藻门 Chlorophyta		
盘星藻	*Pediastrum biradiatum*	双胞新月藻	*C. didymotocum*
整齐盘星藻	*P. integrum*	项圈新月藻	*C. moniliforum*
二角盘星藻	*P. duplex*	纤细新月藻	*C. gracile*
二角盘星藻具孔变种	*P. duplex* var. *gracillimum*	反曲新月藻	*C. sigmoideum*
单角盘星藻	*P. simplex*	披针新月藻	*C. lanceolatum*
单角盘星藻具孔变种	*P. simplex* var. *duodenarium*	圆鼓藻	*Cosmarium rotundum*
短棘盘星藻	*P. boryanum*	扁鼓藻	*C. depressum*
双射盘星藻	*P. biradiatum*	鼓藻一种	*C.* sp.
四角盘星藻	*P. tetras*	多毛棒形鼓藻	*Gonatozygon pilosum*
短棘盘星藻长角变种	*P. boryanum* var. *longicorne*	棒形鼓藻	*G.* sp.
四尾栅藻	*Scenedesmus quadricauda*	纤细角星鼓藻	*Staurastrum gracile*
龙骨栅藻	*S. carinatus*	细丝藻	*Ulothrix tenerrima*
二形栅藻	*S. dimorphus*	环丝藻	*U. zonata*
裂孔栅藻	*S. perforatus*	链丝藻	*Hormidium flaecidum*
爪哇栅藻	*S. javaensis*	水绵一种	*Spirogyra* sp.
实球藻	*Pandorina morum*	球团藻	*Volvox globator*
空球藻	*Eudorina elegans*	美丽团藻	*V. aureus*
小球藻	*Chlorella vulgaris*	葡萄藻	*Botryococcus braunii*
锐新月藻	*Closterium acerosum*	毛枝藻	*Stigeoclonium* sp.

续表

刚毛藻	*Cladophora* sp.	螺旋弓形藻	*Schroederia spiralis*
双星藻	*Zygnema* sp.	镰形纤维藻	*Ankistrodesmus falcatus*
水网藻	*Hydrodictyon reticulatum*		
蓝藻门 Cyanophyta			
巨颤藻	*Oscillatoria princeps*	弯曲尖头藻	*Raphidiopsis curvata*
小颤藻	*O. tenuis*	念珠藻	*Nostoc* sp.
美丽颤藻	*O. fractana*	针状拟指球藻	*Dactylococcopsis acicularis*
小席藻	*Phormidium tenus*	鱼腥藻	*Anabaena* sp.
坑形席藻	*P. foveolarum*	平裂藻	*Merismopedia* sp.
极大螺旋藻	*Spirulina maxima*	色球藻	*Chroococcus* sp.
螺旋藻	*S.* sp.	湖泊鞘丝藻	*Lyngbya limnetica*
水华微囊藻	*Microcystis flos-aquae*	大型鞘丝藻	*L. major*
不定微囊藻	*M. incerta*		
假丝微囊藻	*M. pseudo filamentosa*		
红藻门 Rhodophyta			
中华奥杜藻	*Audouinella sinensis*		
甲藻门 Pyrrophyta			
角甲藻	*Ceratium hirundinella*	二角多甲藻	*Peridinium bipes*
裸藻门 Euglenophyta			
尖尾裸藻	*Euglena oxyuris*	尾裸藻	*E. caudata*
裸藻一种	*E.* sp.		
隐藻门 Cryptophyta			
天蓝胞藻	*Cyanomonas coeruleus*	啮蚀隐藻	*Cryptomonas erosa*
黄藻门 Xanthophyta			
具针刺棘藻	*Centritractus belonophorus*		

附表 2　浮游动物名录

原生动物门 Protozoa			
大变形虫	*Amoeba proteus*	刀口虫	*Spathidium* sp.
绒毛变形虫	*A. villosa*	镰形刀口虫	*S. falciforme*
碗表壳虫	*Arcella catinus*	斜吻虫	*Enchelydium* sp.
盘状表壳虫	*A. discoides*	纺锤斜吻虫	*E. fusidens*
半圆表壳虫	*A. hemisphaerica*	有唇斜吻虫	*E. labeo*
隆起半圆表壳虫	*A. hemisphearica gibba*	裂口长颈虫	*Dileptus amphileptoides*
波纹半圆表壳虫	*A. hemisphearica undulata*	双核长颈虫	*D. binucleatus*
普通表壳虫	*A. vulgaris*	单环栉毛虫	*Didinium balbianii*
盖厢壳虫	*Pyxidicula operculata*	蚤中缢虫	*Mesodinium pulex*
小茄壳虫	*Hyalosphenia minuta*	辐射射纤虫	*Actinobolina radians*
颈梨壳虫	*Nebela collaris*	猎半眉虫	*Hemiophrys meleagris*
收音截口虫	*Heleopera sylvatica*	圆形半眉虫	*H. rotunda*
螺形旋扁壳虫	*Lesquereusia spiralis*	肋状半眉虫	*H. pleurosigma*
尖顶砂壳虫	*Difflugia acuminata*	薄片漫游虫	*Litonotus lamella*
球形砂壳虫	*D. globulosa*	天鹅漫游虫	*L. cygnus*
拱砂壳虫	*D. amphora*	龙骨漫游虫	*L. carinatus*
褐砂壳虫	*D. avellana*	钝漫游虫	*L. obtusus*
双叉砂壳虫	*D. bidens*	盘状肾形虫	*Colpoda patella*
冠砂壳虫	*D. corona*	肾形肾形虫	*C. reniformis*
暧昧砂壳虫	*D. fallax*	粘液篮环虫	*Cyrtolophosis mucicola*
叉口砂壳虫	*D. gramen*	咽拟斜管虫	*Chilodontopsis vorax*
砾静水砂壳虫	*D. hydrostatica lithophila*	柠檬篮口虫	*Nassula citrea*
湖沼砂壳虫	*D. limnetica*	微小篮口虫	*N. pusilla*
片口砂壳虫	*D. lobostoma*	前隐圆纹虫	*Furgasonia protectissima*
乳头砂壳虫	*D. mammillaris*	刺泡圆纹虫	*F. trichocystis*
明亮砂壳虫	*D. iucida*	美丽圆纹虫	*F. rubens*
棒形长圆砂壳虫	*D. oblonga claviformis*	有肋小胸虫	*Microthorax costata*
弯角长圆砂壳虫	*D. oblong curvicaulis*	巴利维亚斜管虫	*Chilodonella bavariansis*

续表

长圆砂壳虫	*D. oblonga*	帽斜管虫	*C. capucina*
切割咽壳虫	*Pontigulasia incisa*	鲤斜管虫	*C. cyprina*
针棘匣壳虫	*Centropyxis aculeata*	钟形袋齿虫	*Phascolodon vorticella*
大针棘匣壳虫	*C. aculeata grandis*	大球吸管虫	*Sphaerophrya magna*
旋匣壳虫	*C. aerophila*	剑蚤吸管虫	*Tokophrya cyclopum*
水藓旋匣壳虫	*C. aerophila sphagnicola*	肾形豆形虫	*Colpidium colpoda*
收音旋匣壳虫	*C. aerophila sylvatica*	肾形瞬目虫	*Glaucoma reniformis*
拟三角旋匣壳虫	*C. aerophila paratriangularis*	尾草履虫	*Paramecium caudatum*
网匣壳虫	*C. cassis*	旋毛草履虫	*P. trichium*
扁平网匣壳虫	*C. cassis compressa*	前口虫	*Frontonia* sp.
压缩匣壳虫	*C. constricta*	尖前口虫	*F. acuminata*
盘状匣壳虫	*C. discoides*	凹扁前口虫	*F. depressa*
无棘匣壳虫	*C. ecorins*	银白前口虫	*F. leucas*
圆口无棘匣壳虫	*C. ecornis*	春锥膜虫	*Stokesia vernalis*
凸背匣壳虫	*C. gibba*	膜袋虫	*Cyclidium* sp.
半圆匣壳虫	*C. hemisphaerica*	似膜袋虫	*C. simulans*
粗匣壳虫	*C. hirsuta*	善变膜袋虫	*C. versatile*
小匣壳虫	*C. minuta*	独缩虫	*Carchesium* sp.
圆匣壳虫	*C. orbicularis*	螅状独缩虫	*C. polypinum*
片口匣壳虫	*C. platystoma*	内褶间隙虫	*Intranstylum invaginatum*
刺匣壳虫	*C. spinifera*	水虱间隙虫	*I. asellicola*
三角匣壳虫	*C. triangularis*	钟虫属	*Vorticella* sp.
表壳圆壳虫	*Cyclopyxis arcellodes*	缩钟虫	*V. abbreviata*
馍状圆壳虫	*C. deflandrei*	钟形钟虫	*V. campanula*
宽口圆壳虫	*C. eurystoma*	剑蚤钟虫	*V. cyclopicola*
圆口小口圆壳虫	*C. kahli cyclostoma*	杯钟虫	*V. cupifera*
小口三角嘴虫	*Trigonopyxis microstoma*	小口钟虫	*V. microstoma*
巢居法帽虫	*Phryganella nidulus*	念珠钟虫	*V. monilata*
褐色颈孔虫	*Wailesla eboracensis*	点钟虫	*V. picta*
疣状三足虫	*Trinema verrucosum*	累枝虫	*Epistylis sp.*
坛状曲颈虫	*Cyphoderia ampulla*	无秽累枝虫	*E. anastatica*
透明坛状曲颈虫	*C. ampulla vttraea*	节累枝虫	*E. articulata*

续表

小弯颈虫	*Campascus minutus*	瓶累枝虫	*E. urceolata*
美拟砂壳虫	*Pseudodifflugia gracilis*	短枝累枝虫	*E. breviramosa*
柔薄壳虫	*Lieberkuhnia wagneri*	溞累枝虫	*E. daphniae*
刺胞虫	*Acanthocystis* sp.	湖累枝虫	*E. lacustris*
月形刺胞虫	*A. erinaceus*	褶累枝虫	*E. plicatilis*
辐射异胞虫	*Heterophrys radiata*	浮游累枝虫	*E. rotans*
刺日虫	*Raphidiophrys* sp.	蜉蝣短柱虫	*Rhabdostyla ephemerae*
裸口虫	*Holophrya* sp.	固着短柱虫	*R. sessilis*
腔裸口虫	*H. atra*	微盘盖虫	*Opercularia microdiscum*
俏裸口虫	*H. gracilis*	环毛后游虫	*Opisthonecta henneguyi*
简裸口虫	*H. simplex*	瓮鞘居虫	*Vaginicola amphorella*
沟裸口虫	*H. sulcata*	环靴纤虫	*Cothurnia annulata*
前管虫	*Prorodon* sp.	长圆靴纤虫	*C. oblonga*
变色前管虫	*P. discolar*	紫色扭头虫	*Metopus violaceus*
圆柱前管虫	*P. teres*	紫晶喇叭虫	*Stentor amethystinus*
武装拟前管虫	*Pseudoprorodon armatus*	大弹跳虫	*Halteria grandinella*
尾毛虫	*Urotricha* sp.	绿急游虫	*Strombidium viride*
趣尾毛虫	*U. farcta*	旋回侠盗虫	*Strobilidium gyrans*
毛板壳虫	*Coleps hirtus*	陀螺侠盗虫	*S. velox*
斜口虫	*Enchelys* sp.	尾瘦尾虫	*Uroleptus caudatus*
胃形斜口虫	*E. gasterosteus*	土生游仆虫	*Euplotes terricola*
小长吻虫	*Lacrymaria minima*	王氏似铃壳虫	*Tintinnopsis wangi*
天鹅长吻虫	*L. olor*	中华似铃壳虫	*T. sinensis*
轮虫 Rotaria			
角突臂尾轮虫	*Brachionus angularis*	真翅多肢轮虫	*Poyarthra euryptera*
萼花臂尾轮虫	*B. calyciflorus*	刺簇多肢轮虫	*P. trigla*
尾突臂尾轮虫	*B. caudatus*	疣毛轮虫	*Synchaeta* sp.
裂足臂尾轮虫	*B. diversicornis*	长足疣毛轮虫	*S. longipes*
镰状臂尾轮虫	*B. falcatus*	长圆疣毛轮虫	*S. oblonga*
剪形臂尾轮虫	*B. forficula*	细长疣毛轮虫	*S. grandis*
方形臂尾轮虫	*B. quadridentatus*	梳状疣毛轮虫	*S. pectinata*
壶状臂尾轮虫	*B. urceus*	腹足腹尾轮虫	*Gastropus hyptopus*

续表

螺形龟甲轮虫	*Keratella cochlearis*	卵形彩胃轮虫	*Chromogaster ovalis*
矩形龟甲轮虫	*K. quadrata*	小链巨头轮虫	*Cephalodella eatellina*
曲腿龟甲轮虫	*K. serrulata*	小巨头轮虫	*C. exigua*
唇形叶轮虫	*Notholca labis*	凸背巨头轮虫	*C. gibba*
鳞状叶轮虫	*N. squamula*	腹足巨头轮虫	*C. ventripes*
尾叶轮虫	*N. caudata*	椎轮属	*Notommata* sp.
裂痕龟纹轮虫	*Anuraeopsis fissa*	龙大椎轮虫	*N. copeus*
爱德里亚狭甲轮虫	*Colurella adriatica*	细尾椎轮虫	*N. silpha*
钝角狭甲轮虫	*C. obtuse*	粗壮侧盘轮虫	*Pleurotrocha robusta*
钩状狭甲轮虫	*C. unicauda*	高乔轮属	*Scaridium* sp.
卵形鞍甲轮虫	*Lepadella ovalis*	长高乔轮虫	*Scaridium longicaudum*
盘状鞍甲轮虫	*L. patella*	钳形猪吻轮虫	*Dixranophorus forcipatus*
三翼鞍甲轮虫	*L. tripera*	吕氏猪吻轮虫	*D. lutkeni*
月形单趾轮虫	*Monostyla lunaris*	钩形猪吻轮虫	*D. uncinatus*
史氏单趾轮虫	*M. stenroosi*	猪吻轮虫	*D.* sp.
囊形单趾轮虫	*M. bulla*	二突异尾轮虫	*Trichocerca bicristata*
尖角单趾轮虫	*M. hamata*	刺盖异尾轮虫	*T. capucina*
尖趾单趾轮虫	*M. closterocerca*	圆筒异尾轮虫	*T. cylindrica*
真胫腔轮虫	*Lecane eutarsa*	纵长异尾轮虫	*T. elongata*
纺锤腔轮虫	*L. copies*	长棘异尾轮虫	*T. longiseta*
月形腔轮虫	*L. luna*	暗小异尾轮虫	*T. pusilla*
凹顶腔轮虫	*L. papuana*	罗氏异尾轮虫	*T. rousseleti*
梨形腔轮虫	*L. pyriformis*	等棘异尾轮虫	*T. similis*
蹄形腔轮虫	*L. ungulate*	微凸镜轮虫	*Testudinena mucronata*
台杯鬼轮虫	*Trichotria pocillum*	沟痕泡轮虫	*Pompholyx sulcata*
方块鬼轮虫	*T. tetractis*	长三肢轮虫	*Filinia longiseta*
侧扁棘管轮虫	*Mytilina compressa*	无常胶鞘轮虫	*Collotheca mutabilis*
腹棘管轮虫	*M. ventripes*	敞水胶鞘轮虫	*C. pelagica*
大肚须足轮虫	*Euchlanis dilatata*	胶鞘轮虫	*C.* sp.
椎尾水轮虫	*Epiphanes senta*	安培宿轮虫	*Habrotrocha ampulla*
晶囊轮虫	*Asplancha* sp.	窄腹宿轮虫	*H. constricta*
卜氏晶囊轮虫	*A. brightwelli*	尾突椎足轮虫	*Henoceros caudatus*

续表

前节晶囊轮虫	*A. priodonta*	多纳敖突轮虫	*Otostephanus cf. donneri*
西氏晶囊轮虫	*A. sieboldi*	旋轮虫	*Philodina* sp.
探索前翼轮虫	*Proales decipiens*	巨环旋轮虫	*P. megalotrocha*
小前翼轮虫	*P. minima*	红眼旋轮虫	*P. erythrophthalma*
多肢轮虫	*Polyarthra* sp.	长足轮虫	*Rotaria neptuna*
长肢多肢轮虫	*P. dolichoptera*	转轮虫	*R. rotatoria*
枝角目 Cladocera			
秀体溞	*Diaphanosoma* sp.	吻状异尖额溞	*DisparaLona rostrata*
透明溞	*Daphnia hyalina*	卵形盘肠溞	*Chydorus ovalis*
僧帽溞	*D. cucullata*	盘肠溞	*C.* sp.
长刺溞	*D. longispina*	肋纹平直溞	*Pleuroxus striatus*
长额象鼻溞	*Bosmina longirostris*	平直溞	*P.* sp.
简弧象鼻溞	*B. coregoni*	老年低额溞	*Simocephalus vetulus*
脆弱象鼻溞	*B. fatalis*	低额溞	*S.* sp.
颈沟基合溞	*Bosminopsis deitersi*	粗刺大尾溞	*Leydigia leydigii*
尖额溞	*Alona* sp.	枝角类幼体	
中型尖额溞	*A. intermedia*		
桡足类 Copepoda			
舌状叶镖水蚤	*Phyllodiaptomus tunguidus*	广布中剑水蚤	*Mesocyclops leuckarti*
锥肢蒙镖水蚤	*Mongolodiaptomus birulai*	北碚中剑水蚤	*M. pehpeiensis*
荡镖水蚤	*Neutrodiaptomus* sp.	中剑水蚤	*M.* sp.
镖水蚤	*Diaptomidae* sp.	台湾温剑水蚤	*Thermocyclops taihokuensis*
哲水蚤目	*Calanoida* sp.	透明温剑水蚤	*T. hyalinus*
如愿真剑水蚤	*Eucyclops speratus*	温剑水蚤	*T.* sp.
锯缘真剑水蚤	*E.serrulatus*	小剑水蚤	*Microcyclops* sp.
真剑水蚤	*E.*sp.	剑水蚤目	*Cyclopoida* sp.
英勇剑水蚤	*Cyclops strenuus*	无节幼体	

附表 3　底栖动物名录

环节动物门			
水丝蚓	*Linmodrilus* sp.	腹舌蛭	*Glossiphonia complanata*
软体动物门			
福寿螺	*Pomacea canaliculata*	截口土蜗	*G truncatula*
泉膀胱螺	*Physa fontinalis*	铜锈环棱螺	*Bellamya aeruginasa*
椎实螺	*Lymnaea stagnalis*	方形环棱螺	*B uadrata*
折叠萝卜螺	*Radix plicatula*	泥泞拟钉螺	*Tricula hunida*
椭圆萝卜螺	*R swinhoei*	尖口园扁螺	*Hippeutis cantorl*
耳萝卜螺	*R auricularia*	湖沼股蛤	*Limnoperna lacustris*
小土蜗	*Galba pervia*	河蚬	*Corbicula fluminea*
节肢动物门			
蜉蝣	*Ephemera* sp.	洼龙虱	*Laccophilus* sp.
扁蜉	*Ecdyrus* sp.	水蜘蛛	*Argyroneta aquatica*
双翼二翼蜉	*Cloeon dipterum*	长跗摇蚊	*Tanytarsus* sp.
二尾蜉	*Siphlonurus* sp.	前突摇蚊	*Procladius* sp.
灯蛾蜉	*Cligonenriella rhenana*	摇蚊	*Tendipus* sp.
化腮蜉	*Potamanthus* sp	粗腹摇蚊	*Denopelopia* sp.
低头石蚕	*Neureclipsis* sp.	毛蠓	*Psychoda* sp.
纹石蚕	*Hydropsyche* sp.	大蚊	*Tiplua* sp.
石蚕	*Phryganea* sp.	米虾	*Caridina* sp.
箭蜓	*Gomphus* sp.	黄边龙虱幼虫	*Dyriscus* sp.
虎蜻	*Epitheca marginata*	钩虾	*Gammarus* sp.
金花岬	*Donacia* sp.	秀丽白虾	*Exopalaemon modestus*
小划蝽	*Sigara substriata*	中华小长臂虾	*Palaemonetes sinensis*

附表 4　大渡河河口段采集和调查到的鱼类名录

种类					关注类别			
目	科	亚科	属	种	保护种	红皮书	红色名录	特有
鲤形目 Cypriniformes	亚口鱼科 Catostomidae		胭脂鱼属 *Myxocyprinus*	胭脂鱼 *M. asiaticus*	II	VU	VU	
	鳅科 Cobitidae	条鳅亚科 Nemacheilinae	副鳅属 *Paracobitis*	红尾副鳅 *P.variegatus*				
				短体副鳅 *P. potanini*				特
			山鳅属 *Oreias*	戴氏山鳅 *O. dabryi*				特
			高原鳅属 *Triplophysa*	贝氏高原鳅 *T. Bleekeri*				
		沙鳅亚科 Botiinae	沙鳅属 *Botia*	中华沙鳅 *Sinibotia superciliaris*				
			薄鳅属 *Leptobotia*	长薄鳅 *L. elongata*		VU	VU	特
		花鳅亚科 Gobitinae	泥鳅属 *Misgurnus*	泥鳅 *M. anguillicaudatus*				
	鲤科 Cyprinidae	鱼丹亚科 Danioninae	鱲属 *Zacco*	宽鳍鱲 *Z. platypus*				
			马口鱼属 *Opsariichthys*	马口鱼 *O. bidens*				
			细鲫属 *Aphyocypris*	中华细鲫 *A. chinensis*				
		雅罗鱼亚科 Leuciscinae	草鱼属 *Ctenopharyngodon*	草鱼 *C. idellus*				
			赤眼鳟属 *Squaliobarbus*	赤眼鳟 *S. curriculus*				
		鲴亚科 Xenocyprinae	鲴属 *Xenocypris*	银鲴 *X. argentea*				
				方氏鲴 *X. fangi*				
			圆吻鲴属 *Distoechodon*	圆吻鲴 *D. tumirostris*				

续表

种类					关注类别			
目	科	亚科	属	种	保护种	红皮书	红色名录	特有
鲤形目 Cypriniformes	鲤科 Cyprinidae	鲢亚科 Hypophthalmichthyinae	鲢属 *Hypophthalmichthys*	鲢 *H. molitrix*				
		鱊亚科 Acheilognathinae	鳑鲏属 *Rhodeus*	中华鳑鲏 *R. sinensis*				
				高体鳑鲏 *R. ocellatus*				
			鱊属 *Acheilognathus*	峨眉鱊 *A. omeiensis*				特
		鲌亚科 Cultrinae	华鳊属 *Sinibrama*	四川华鳊 *S.taeniatus*				特
			半䱗属 *Hemiculter*	半䱗 *H. sauvagei*				
			䱗属 *Hemiculter*	䱗 *H. leucisculus*				
			原鲌属 *Cultrichthys*	红鳍原鲌 *C.erythropterus*				
			鲌属 *Culter*	翘嘴鲌 *C. alburnus*				
				蒙古鲌 *C. mongolicus mongolicus*				
		鮈亚科 Gobioninae	䱻属 *Hemibarbus*	唇䱻 *H. labeo*				
				花䱻 *H. maculatus*				
			麦穗鱼属 *Pseudorasbora*	麦穗鱼 *P. parva*				
			鳈属 *Sarcocheilichthys*	黑鳍鳈 *S.nigripinnis*				
			颌须鮈属 *Gnathopogon*	短须颌须鮈 *G. imberbis*				
			银鮈属 *Squalidus*	银鮈 *S. argentatus*				
			吻鮈属 *Rhinogobio*	吻鮈 *R. typus*				
				长鳍吻鮈 *R. ventralis*				特

续表

种类					关注类别			
目	科	亚科	属	种	保护种	红皮书	红色名录	特有
鲤形目 Cypriniformes	鲤科 Cyprinidae		片唇鮈属 *Platysmacheilus*	裸腹片唇鮈 *P. nudiventris*				特
			棒花鱼属 *Abbotina*	棒花鱼 *A. rivularis*				
			蛇鮈属 *Saurogobio*	蛇鮈 *S. dabryi*				
		鳅鮀亚科 Goblobotinae	异鳔鳅鮀属 *Xenophysogobio*	异鳔鳅鮀 *X. boulengeri*				特
			鳅鮀属 *Gobiobotia*	宜昌鳅鮀 *G. filifer*				
		鲃亚科 Barbinae	倒刺鲃属 *Spinibarbus*	中华倒刺鲃 *S. sinensis*				
			白甲鱼属 *Onychostonua*	白甲鱼 *O. asima*				
				四川白甲鱼 *O. anguslstomata*				特
		野鲮亚科 Labeoninae	泉水鱼属 *Pseudogyrinocheilus*	泉水鱼 *P. prochilus*				
		鲤亚科 Cyprininae	鲤属 *Cyprinus*	鲤 *C. carpio*				
			鲫属 *Carassius*	鲫 *C. auratus*				
	平鳍鳅科 Homalopteridae	平鳍鳅亚科 Homalopterinae	犁头鳅属 *Lepturichthys*	犁头鳅 *L.fimbriata*				
			金沙鳅属 *Jinshaia*	短身金沙鳅 *J. abbreviata*				特
			华吸鳅属 *Sinogastromyzon*	西昌华吸鳅 *S. sichangensis*				特
			后平鳅属 *Metahomaloptera*	峨眉后平鳅 *M. omeiensis*				特
鲇形目 Siluriformes	鲇科 Silurdae		鲇属 *Silurus*	鲇 *S. asotus*				
				大口鲇 *S. meridionalis*				
	鲿科 Bagridae		黄颡鱼属 *Pelteobagrus*	黄颡鱼 *P. fulvidraco*				
				瓦氏黄颡鱼 *P. vachelli*				

续表

种类					关注类别			
目	科	亚科	属	种	保护种	红皮书	红色名录	特有
鲇形目 Siluriformes	鲿科 Bagridae	鮈亚科 Gobioninae	鮠属 *Leiocassis*	粗唇鮠 *L. crassilabris*				
			拟鲿属 *Pseudobagrus*	切尾拟鲿 *P. truncatus*				
				细体拟鲿 *P. pratti*				
			鳠属 *Mystus*	大鳍鳠 *M. macropterus*				
	钝头鮠科 Amblycipitidae		鉠属 *Liobagrus*	白缘鉠 *L. marginatus*			EN	
	鮡科 Sisoridae		纹胸鮡属 *Glyptothorax*	福建纹胸鮡 *G. fukiensis*				
				中华纹胸鮡 *G. sinense*				
			石爬鮡属 *Euchiloglanis*	黄石爬鮡 *E. kishinouyei*				特
	鮰科 Ictaluridae		鮰属 *Ameiurus*	黑鮰 *A. melas*				
合鳃鱼目 Synbranchiformes	合鳃鱼科 Synbranchidae		黄鳝属 *Monopterus*	黄鳝 *M. albus*				
鲈形目 Perciformes	鮨科 Serranidae		鳜属 *Siniperca*	长身鳜 *S. roulei*				
				鳜 *S. chuatsi*				
	虾虎鱼科 Gobiidae		吻虾虎鱼属 *Rhinogobius*	子陵吻虾虎鱼 *R. giurinus*				
	鳢科 Channidae		鳢属 *Channa*	乌鳢 *C. argus*				

注：鱼名前标※号的为长江上游特有种

附表 5 安谷水电站主要工程特性表

序号	名称	单位	数量及特性	备注
		一 水文		
1	流域面积			
	全流域	km^2	77 400	
	坝址以上	km^2	76 717	
2	利用的水文系列年限	年	66	
3	多年平均年径流量	亿m^3	470	
4	代表性流量			
	多年平均流量	m^3/s	1 490	
	实测最大流量	m^3/s	10 700	1939.7.19
	调查历史最大流量	m^3/s	10 700	1939.7.19
	设计洪水标准及流量	m^3/s	10 800	（P=1%）
	校核洪水标准及流量	m^3/s	14 000	（P=0.05%）
5	泥沙			
	多年平均输沙量	万t	941	
	多年平均推移质输沙量	万t	/	
	多年平均含沙量	kg/m^3	0.201	
	实测最大含沙量	kg/m^3	25.7	福禄镇水文站
		二 水库		
1	水库水位			
	校核洪水位	m	397.25	（P=0.05%）
	设计洪水位	m	395.00	（P=1%）
	正常蓄水位	m	398	
2	正常蓄水位时水库面积	km^2	5.55	
3	回水长度	km	11.4	
4	水库容积			
	正常蓄水位以下库容	万m^3	6 330	

续表

序号	名称	单位	数量及特性	备注
三　下泄流量及相应下游水位				
1	设计洪水位时最大泄量	m^3/s	10 800	
	相应下游水位	m	382.38	
2	校核洪水位时最大泄量	m^3/s	14 000	
	相应下游水位	m	382.93	
四　工程效益指标				
1	发电效益			
	装机容量	万kW	76	
	保证出力	万kW	17.51	
	多年平均发电量	亿kW·h	31.99	
	年利用h数	h	4 209	
	额定水头	m	33	
	设计引用流量	m^3/s	2 576	
五　淹没损失及施工征地				
1	淹没耕地	亩	3 014.95	
2	淹没人口	人	2 590	
3	工程永久占地	亩	12 823.88	
六　主要建筑物及设备				
1	非溢流坝			
	坝型		砼面板堆石坝	
	坝长	m	57.20	
	最大坝高	m	35.70	
2	泄洪冲砂闸			
	地基特性		砂卵石/砂岩/泥岩	
	地震基本烈度	度	7	
	闸室长度	m	44	
	闸孔数-尺寸（宽×高）	m	13—12×15	
	闸顶高程	m	400.70	

续表

序号	名称	单位	数量及特性	备注
2	闸底槛高程	m	383.00	
	闸墩最大高度	m	20.70	
	工作闸门型式		弧门	
	启闭机型式		2×1800 kN液压启闭机	
	检修门型式		平面滑动叠梁门	
	启闭机型式		2×400 kN液单向门机	
	消能方式		底流式消能	
3	左岸副坝			
	坝型		砼面板堆石坝	
	坝长	m	10 440	
	最大坝高	m	28.70	
4	主厂房			
	型式		地面厂房	
	地基特性		砂岩	
	主厂房尺寸（长×宽×高）	m	216.3×98.0×73.70	
	机组安装高程	m	351.38	
	发电机层高程	m	370.293	
	水轮机层高程	m	360.536	
	尾水管底板高程	m	330.321	
	正常尾水位	m	363.820	
	最低尾水位	m	361.180	
5	尾水渠			
	长度	m	9 500.00	
	底坡		1/8 000	
	底宽	m	91	